U0250467

武汉大学优秀博士学位论文文库

基于Arecibo非相干散射雷达的电离层动力学研究

Incoherent Scatter Radar Study of The Ionospheric Dynamics at Arecibo

龚韵 著

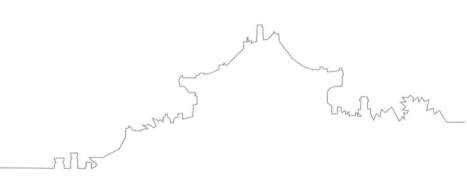

WUHAN UNIVERSITY PRESS
武汉大学出版社

图书在版编目(CIP)数据

基于Arecibo非相干散射雷达的电离层动力学研究/龚韵著.—武汉:武汉大学出版社,2015.2

武汉大学优秀博士学位论文文库

ISBN 978-7-307-14844-4

Ⅰ.基…　Ⅱ.龚…　Ⅲ.相干雷达—电离层散射—动力学—研究　Ⅳ.TN958

中国版本图书馆 CIP 数据核字(2014)第 263884 号

责任编辑:任　翔　黄　琼　　　责任校对:汪欣怡　　　版式设计:马　佳

出版发行:**武汉大学出版社**　　(430072　武昌　珞珈山)

（电子邮件:cbs22@whu.edu.cn　网址:www.wdp.com.cn）

印刷:武汉市洪林印务有限公司

开本:720×1000　1/16　　印张:7　字数:96千字　　插页:2

版次:2015 年 2 月第 1 版　　　2015 年 2 月第 1 次印刷

ISBN 978-7-307-14844-4　　　定价:20.00 元

总　序

　　创新是一个民族进步的灵魂,也是中国未来发展的核心驱动力。研究生教育作为教育的最高层次,在培养创新人才中具有决定意义,是国家核心竞争力的重要支撑,是提升国家软实力的重要依托,也是国家综合国力和科学文化水平的重要标志。

　　武汉大学是一所崇尚学术、自由探索、追求卓越的大学。美丽的珞珈山水不仅可以诗意栖居,更可以陶冶性情、激发灵感。更为重要的是,这里名师荟萃、英才云集,一批又一批优秀学人在这里砥砺学术、传播真理、探索新知。一流的教育资源,先进的教育制度,为优秀博士学位论文的产生提供了肥沃的土壤和适宜的气候条件。

　　致力于建设高水平的研究型大学,武汉大学素来重视研究生培养,是我国首批成立有研究生院的大学之一,不仅为国家培育了一大批高层次拔尖创新人才,而且产出了一大批高水平科研成果。近年来,学校明确将"质量是生命线"和"创新是主旋律"作为指导研究生教育工作的基本方针,在稳定研究生教育规模的同时,不断推进和深化研究生教育教学改革,使学校的研究生教育质量和知名度不断提升。

　　博士研究生教育位于研究生教育的最顶端,博士研究生也是学校科学研究的重要力量。一大批优秀博士研究生,在他们学术创作最激情的时期,来到珞珈山下、东湖之滨。珞珈山的浑厚,奠定了他们学术研究的坚实基础;东湖水的灵动,激发了他们学术创新的无限灵感。在每一篇优秀博士学位论文的背后,都有博士研究生们刻苦钻研的身影,更有他们导师的辛勤汗水。年轻的学者们,犹如在海边拾贝,面对知识与真理的浩瀚海洋,他们在导师的循循善诱下,细心找寻着、收集着一片片靓丽的贝壳,最终把它们连成一串串闪闪夺目的项链。阳光下的汗水,是他们砥砺创新的注脚;面向太阳的远方,是他们奔跑的方向;导师们的悉心指点,则是他们最值得依赖的臂膀!

博士学位论文是博士生学习活动和研究工作的主要成果,也是学校研究生教育质量的凝结,具有很强的学术性、创造性、规范性和专业性。博士学位论文是一个学者特别是年轻学者踏进学术之门的标志,很多博士学位论文开辟了学术领域的新思想、新观念、新视阈和新境界。

据统计,近几年我校博士研究生所发表的高质量论文占全校高水平论文的一半以上。至今,武汉大学已经培育出18篇"全国百篇优秀博士学位论文",还有数十篇论文获"全国百篇优秀博士学位论文提名奖",数百篇论文被评为"湖北省优秀博士学位论文"。优秀博士结出的累累硕果,无疑应该为我们好好珍藏,装入思想的宝库,供后学者慢慢汲取其养分,吸收其精华。编辑出版优秀博士学位论文文库,即是这一工作的具体表现。这项工作既是一种文化积累,又能助推这批青年学者更快地成长,更可以为后来者提供一种可资借鉴的范式抑或努力的方向,以鼓励他们勤于学习,善于思考,勇于创新,争取产生数量更多、创新性更强的博士学位论文。

武汉大学即将迎来双甲华诞,学校编辑出版该文库,不仅仅是为武大增光添彩,更重要的是,当岁月无声地滑过120个春秋,当我们正大踏步地迈向前方时,我们有必要回首来时的路,我们有必要清晰地审视我们走过的每一个脚印。因为,铭记过去,才能开拓未来。武汉大学深厚的历史底蕴,不仅在于珞珈山的一草一木,也不仅仅在于屋檐上那一片片琉璃瓦,更在于珞珈山下的每一位学者和学生。而本文库收录的每一篇优秀博士学位论文,无疑又给珞珈山注入了新鲜的活力。不知不觉地,你看那珞珈山上的树木,仿佛又茂盛了许多!

李晓红

2013 年 10 月于武昌珞珈山

摘　　要

地球的电离层很大程度上影响着无线电通信。电离层环境的不规则变化会影响低纬轨道卫星以及卫星导航定位的正常工作。因此,研究电离层不仅有很大的学术价值,还有着实际的意义。本文利用位于 Arecibo,波多黎各(18.3°N, 66.7°W)的双波束非相干散射雷达的观测数据,分析了位于低纬电离层 E 层和 F 层的大气潮汐波和行星波,讨论了中性风、电场以及双极扩散对 Arecibo 电离层午夜塌陷的影响。具体工作概括如下:

1. 利用 Arecibo 双波束非相干散射雷达在 2010 年 1 月 14 日 ~ 23 日的观测数据,我们分析了周期为 24 小时和 12 小时的大气潮汐波的传播特性和垂直结构。以往的观测结果[e. g., Harpar, 1979, 1981]认为,在海拔高度高于 110 km 处,12 小时潮汐波是最为显著的潮汐分量。然而,我们的观测结果表明 F 层的 24 小时潮汐波在观测时间内占据主导地位。波幅随高度的变化显示出 24 小时潮汐波在 F 层的最大值为 45 m/s,在 E 层的最大值是 70 m/s。从 24 小时潮汐波相位随高度的变化可以推断出,在 F 层的 24 小时潮汐波是受到太阳辐射而在局地激发的。在观测的前 4 天(1 月 14 日 ~ 18 日),中性风两个分量中的 12 小时潮汐波在 E 层高度范围内展现出了相似的波幅随高度的变化。经向和纬向分量的波幅在高度 106 ~ 115 km 的范围内都呈现出了稳定和持续的增长。由此可以估算出 Arecibo 冬季湍流层顶高度大约为 110 km。

2. 第一次报道了在低纬度电离层 F 层周期为 8 小时的大气潮汐波,并且分析了 8 小时潮汐波的垂直结构,讨论了观测到的 8 小时潮汐波的激发机制。8 小时潮汐波的波幅非常强,在 268 km 处达到了最大值 34 m/s,它在 180 ~ 320 km 的高度范围内的垂直波长为

950 km。我们发现 8 小时潮汐波的振幅与 F 层较低高度上的背景经向风场有非常好的相关性。通过仔细研究 8 小时潮汐波的激发机制,我们发现观测到的 8 小时潮汐波并不是受到非线性相互作用而激发的。

3. 第一次报道了在低纬度电离层 F 层周期为 6 小时的大气潮汐波和周期为 40 小时的准 2 天行星波。观测到的 6 小时潮汐波和准 2 天行星波没有 8 小时潮汐波显著。6 小时潮汐波振幅最大值为 11 m/s。在 150～245 km 的高度范围内,6 小时潮汐波的垂直波长为 126 km。准 2 天行星波振幅最大值为 8 m/s,它的垂直波长在 230～305 km 的高度范围内为 640 km。

4. Arecibo 电离层午夜塌陷是指电离层 F 层电子密度峰值高度在午夜前后急剧地下降。我们调查了从午夜塌陷前到塌陷结束的整个过程中,中性风、电场以及双极扩散所扮演的角色。整个过程可以归纳成三个阶段:预备塌陷、初始塌陷和持续塌陷。中性风和电场在第一和第三个阶段起到了主要作用。双极扩散则在第二个阶段扮演重要角色。我们的分析结果表明:电场和双极扩散这两个以往被忽视的机制,对于午夜塌陷有重要的影响。午夜塌陷前的预备塌陷阶段,对于塌陷能否发生以及塌陷的强度起到了关键作用。

关键词:非相干散射雷达　电离层 E 层和 F 层　大气潮汐波　大气行星波　Arecibo 电离层午夜塌陷

Abstract

The earth's ionosphere significantly influences the propagation of radio waves. The irregularity of the ionosphere will devastate the satellites, and damage the GPS signals. Therefore, studying the ionosphere has more than academic value. In this thesis, using the ionospheric parameters measured by the Arecibo dual-beam incoherent scatter radar (ISR), we analyze the tidal and planetary waves at E- and F-region heights in the low latitude, and study the Arecibo ionospheric midnight collapse phenomenon, and discuss its relationship with neutral wind, electric field, and ambipolar diffusion. The primary results are summarized as follow:

1. Using the observational data derived from Arecibo dual-beam ISR in the period of Jan. 14 ~ 23, 2010, we analyze the propagation characteristics and vertical structures of the diurnal and semidiurnal atmospheric tides. Previous observational studies [e. g. , Harper 1979, 1981] suggest that the semidiurnal tide is the most dominant tidal component above 110 km in the low latitude. However, our results reveal that the diurnal tide dominates the semidiurnal tide as the most important tidal component above 110 km. In the F-region, the peak amplitude of diurnal tide is 45 m/s, and in the E-region that value is 70 m/s at around 120 km. The diurnal tide is largely evanescent, which suggests it may be excited by in situ solar radiation. In the first four days of the observation, the semidiurnal tides in both neutral wind components show continuous amplitude increase in the altitude range from 106 km to 115 km. This amplitude behavior is helpful in determining that the turbopause at

Arecibo in winter condition is around 110 km.

2. This is the first time a terdiurnal tide has been observed in the F-region at a low latitude station. We analyze the vertical structure of the terdiurnal tide, and discuss its excitation mechanism. The amplitude of the terdiurnal tide is prominent. The vertical amplitude profile is single peaked with the peak value of 34 m/s occurred at about 268 km. The phase in the region of 180 ~ 320 km is largely linear. The vertical wavelength is about 950 km. The F-region terdiurnal tide amplitude is found to be well correlated with the background meridional wind in the lower F-region. Our analysis does not reveal any evidence that non-linear interaction between diurnal and semidiurnal tides is important for the F-region terdiurnal tide.

3. This is the first time a 6-hour tide and a quasi-2 day (40 hours) planetary wave has been reported at F-region height in the low latitude. Unlike the terdiurnal tide, the amplitude of 6-hour tide and quasi-2 day planetary are much weaker. The amplitude of 6-hour tide exhibits two peaks and the peak magnitude is about 11 m/s for both peaks. In the altitude range of 150 ~ 245 km, the phase progresses downward linearly with a vertical wavelength determined to be 126 km. For the quasi-2 day planetary, the peak amplitude is about 8 m/s. The vertical wavelength is computed to be 640 km in the altitude range from 230 km to 305 km.

4. The Arecibo ionosphere midnight collapse is characterized by a rapid drop of F_2 layer peak height (HmF_2) around midnight. We examined the roles played by the neutral wind, electric field, and ambipolar diffusion in driving the vertical ion motion throughout the whole collapse process. The collapse process can be classified into three stages: preconditioning, initial descent, and sustained descent. The neutral wind and electric field are dominant in the stage 1 and 3. The ambipolar diffusion plays an important role in the stage 2. Our results reveal that electric field and ambipolar diffusion also play an important role with the former being the most dominant factor in some cases. Stage 1 plays a key role

2

on the extent of the collapse.

Key words: Incoherent scatter radar   the ionosphere E- and F-region
atmospheric tides   atmospheric planetary waves   the Arecibo iono-
sphere midnight collapse

目 录

第1章 引　言

1.1　电离层简介

地球的电离层是一个由于受到太阳辐射而部分电离的区域。它是地球大气层的一部分,整个区域范围从海拔 60 km 延伸至 1000 km 有余。电离层作为一个承上启下的区域,很好地衔接了地球大气层和外太空。电离层既受到太阳辐射和磁暴的影响,同时又会感应到低层大气剧烈天气活动。太阳风、磁暴以及从低层大气上传到电离层的扰动,都会使电离层发生不规则扰动,甚至剧烈的变化。电离层内充斥着大量的电离气体,这些电离气体会显著影响电磁波在电离层中的传播,使电磁波发生反射、折射和散射。当电离层发生剧烈扰动时,电离层会威胁到地面通信以及导航定位卫星的正常工作。电离层空间天气、电离层气候学、电离层与磁层,以及电离层与大气层的耦合是现在电离层研究的主要方向。这一节主要从以下三个方面对电离层进行介绍:电离层的垂直结构,风剪切理论和离子运动以及电离层探测技术。

1.1.1　电离层的垂直结构

由于受到重力作用,电离层是水平分层的。与大气垂直结构依照温度的高度分布来划分不同,电离层的垂直结构是根据电子密度随高度的变化来决定的。图 1-1 展示了在正午以及午夜由 Arecibo 双波束非相干散射雷达测量得到的电子密度随高度分布。

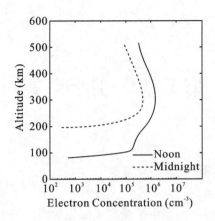

图 1-1　由 Arecibo 非相干散射雷达得到的电子密度垂直剖面图, 2002 年
　　　　12 月 4 日 12:00 LT (实线), 2002 年 12 月 5 日 00:00 LT (虚线)

　　从图 1-1 可以看出, 在正午和午夜, 电子密度随高度变化的趋势
是基本一致的。正午和午夜的电子密度都随着高度的降低而先增大
后减小, 并且都在 300 km 左右处达到峰值。这种变化趋势是由两个
重要的因素所决定的, 电离过程和化学复合过程。电离过程是指, 当
强烈的太阳短波(极紫外线和 X 射线)辐射作用到中性原子和分子上,
这些中性原子和分子吸收了部分辐射能量后释放出一个电子以达到
能量守恒。由于释放出了电子, 原来这些中性气体就被电离为离子。
化学复合过程是电离过程的反作用过程。它是指离子和电子通过化
学作用结合为中性原子或分子。化学复合作用的强度可以由复合率
来度量。由于大气密度高度增加而减小, 在比较高的高度上, 中性气
体密度稀薄, 虽然太阳辐射非常强, 电离作用并不明显。在比较低的
高度上, 一方面, 太阳辐射随着射线的辐射距离变长而减弱;另一方
面, 由于中性气体密度变大, 自由电子和离子的碰撞频率加剧, 化学复
合作用逐渐占据着主导地位。因此, 大量的离子存在于高度范围为
100～500 km 的高度上, 峰值高度在 300 km 左右。虽然正午和午夜
电子密度随高度分布的变化趋势是一致的, 但在密度的数值大小上
却有很大的差异。如图 1-1 所示, 正午的峰值密度是午夜的 3 倍多。

并且,由于在午夜 200 km 以下电子密度太稀薄,非相干散射雷达不能测得任何有效数据。这种正午和午夜电子密度的差别主要是由于在夜间缺少太阳辐射能,电离效应相较于白天而言大大减弱了。

根据电子密度随高度的变化,电离层在垂直方向上主要分为三层。距离地球表面 60 ~ 90 km 的区域是电离层最低的一层,称为 D 层。D 层的电离过程主要分为两部分。波长大约为 79.6 nm 的 X 射线电离氧气和氮气,以及波长为 121.6 nm 的莱曼 α 射线电离一氧化碳。因此,电离后的主要产物为 N_2^+, O_2^+ 和 NO^+。由于 D 层所处的高度比较低,中性气体密度比较大,离子对自由电子的捕获率比较高,化学复合作用非常强。D 层的电离效应比较低,对高频无线电波的传播没有影响。

在 D 层的上方,90 ~ 150 km 的高度范围内是电离层 E 层。E 层的形成主要是通过波长范围 3.1 ~ 100 nm 的 X 射线电离氧气、氮气和氧原子。在 E 层占据主导地位的离子成分是 NO^+ 和 O_2^+。图 1-2 给出了在 2002 年 12 月 3 日到 5 日之间由非相干散射雷达得到的电子浓度随时间和高度变化的分布图。

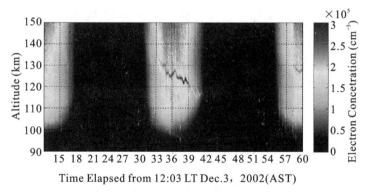

图 1-2　电子浓度随时间和高度变化的分布图,2002 年 12 月 3 日 12:03 到 2002 年 12 月 5 日 12:00

电子浓度的最大值大概在 $3 \times 10^5 \ cm^{-3}$。在夜间,由于缺少了太阳辐射的作用,电离效应迅速减弱,电子浓度相较于白天来说下降了很多。夜间 E 层的存在主要是因为地冕和流星以及其他弱电离源的电离作用。然而,非相干散射雷达回波信号的信噪比与电子密度有直接的关系。电子密度太低,我们就不能从雷达回波信号中提取有用的信息。因此,在一般情况下,非相干散射雷达不能准确测量电子浓度在 E 层夜间的分布。(非相干散射雷达会在 1.2 节中做具体介绍)但是,如果我们仔细观察图 1-2,就会发现在 100 km 左右处有一些很窄的线条状结构。这种结构被称为偶发 E 层。由于偶发 E 层内的电离效应比较强,它们可以被非相干散射雷达捕捉到。除了气体离子外,E 层内还存在很多金属离子。由于每天有大量的流星注入地球,这些流星与地球大气层摩擦后发生消融作用使大量的金属原子比如 Fe、Na 和 K 沉降在 E 层中。这些中性原子在 E 层中受到电离作用后形成金属离子。由于这些金属离子的化学复合率比较低,它们一旦形成就会有很长的寿命。

高度为 150 ~ 500 km 的范围被称为电离层 F 层。在白天,F 层又可以根据主要的离子成分不同而分为 F1 层和 F2 层。F1 层的高度范围是 150 ~ 210 km,主要的离子成分为 O^+、NO^+ 和 O_2^+。F2 层的高度范围是 210 ~ 500 km,主要离子成分为 O^+。在夜间,由于电离效应大大减弱,F1 层会消失。如图 1-1 所示,电子浓度的最大值发生在 F2 层,浓度值大约为 10^6 cm^{-3}。F 层电子的峰值密度(NmF2)和峰值高度(HmF2)是描述电离层 F 层形态学的重要参数。由于其电子浓度高以及昼夜可见,F2 层是电离层影响电磁波传播的主要区域。具体的电离层 D、E 和 F 层的主要离子成分随高度的分布请参考 Kelley[2008]的图 1-2 和图 1-8。

1.1.2 风剪切理论和离子运动

在 1.1.1 小节中,我们提到了在图 1-2 中可以看到偶发 E 层。偶发 E 层中的电离效应很强,它可以反射频率为 25 ~ 225 MHz 的无线电波。偶发 E 层的形成机制以及主要离子成分已经被许多专家学者们研究了五十多年[e.g., Whitehead, 1961, 1989; Macleod, 1965; Philbrick et al., 1973; Mathews and Bekeny, 1979; Carter and Forbes, 1999; Zhou et al., 2005, 2008]。偶发 E 层的出现很不稳

定,而且难以预测。对于偶发 E 层形成机制的解释也很多。1958年,Dungey 首次提出了风剪切理论。经过不断发展与实验证实后[Whitehead, 1961; Axford, 1963],风剪切理论作为偶发 E 层的一种形成机制得到了大多数专家的认可。风剪切理论的基本解释可以由图 1-3 来描述。

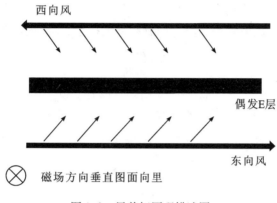

图 1-3　风剪切原理描述图

受到重力波和潮汐波驱动的水平风场,在磁场的作用下,使带电粒子有沿着垂直于风场传播方向运动的趋势。东向风场使带电粒子向上运动,而西向风场使带电粒子向下运动。由此一来,上层的西向风和下层东向风压缩带电粒子积聚到一个薄层中,从而形成偶发 E 层。1965 年,Macleod 提出了离子在电离层中运功的理论。这个理论主要讨论了离子在受到离子-中性粒子碰撞力和地磁场力的情况下的水平与垂直运动趋势。离子运动理论指出,在电离层 E 层的大部分高度内,离子-中性粒子碰撞力与地磁力是趋于平衡的。离子运动理论很好地证明了风剪切效应可以形成偶发 E 层。离子运动理论的具体描述如下[Macleod, 1965]。

仅仅考虑碰撞力、电场力和地磁场力对离子的作用,离子运动方程可以写为如下形式[Dungey,1958]:

$$\frac{\mathrm{d}\boldsymbol{V}_+}{\mathrm{d}t} = v_{in}(\boldsymbol{U} - \boldsymbol{V}_+) + \frac{e}{m_+}(\boldsymbol{V}_+ \times \boldsymbol{B}) + \frac{e}{m_+}\boldsymbol{E} \qquad (1.1)$$

其中,e,m_+ 表示单位电荷和离子质量;V_+ 表示离子漂移速度;U 表示中性气体速度;v_{in} 表示离子-中性粒子碰撞频率;B 和 E 分别表示地磁场强度矢量和电场强度矢量。如果方程(1.1)左边的加速度项足够小,忽略加速度项后,方程(1.1)可以改写为:

$$V_+ = \frac{1}{1+\rho^2}\Big[\rho^2\Big(U+\frac{e}{m_+v_{in}}E\Big)+\rho\Big(U+\frac{e}{m_+v_{in}}E\Big)\times\boldsymbol{\Gamma}+(U\cdot\boldsymbol{\Gamma})\boldsymbol{\Gamma}\Big] \quad (1.2)$$

其中,$\boldsymbol{\Gamma}$ 是沿地磁场方向的单位矢量,B_0 表示地磁场强度;ρ 表示离子-中性粒子碰撞频率与离子回旋频率的比值,具体表示为:

$$\rho = \frac{m_+v_{in}}{eB_0} \quad (1.3)$$

如方程 1.2 所示,离子漂移速度由垂直或者平行于中性风、电场和地磁场的分量组成。ρ 是一个非常重要的参数。它对离子漂移速度有决定性的影响。在低纬,ρ 的数值可以由以下公式来计算[Zhou et al. , 2011]:

$$\rho = e^{\frac{Z_0-Z}{9.4}}[1-0.023(Z-Z_0)+3\cdot10^{-4}(Z-Z_0)^2+4.3\cdot10^{-6}(Z-Z_0)^3] \quad (1.4)$$

其中,Z_0 表示 123.7 km。由方程(1.4),我们可以得到 ρ 随高度变化的分布,分布结果展示在图 1-4 中。

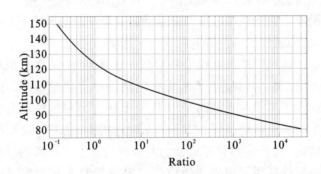

图 1-4 离子-中性粒子碰撞频率与离子回旋频率的比值随高度的变化

如图 1-4 所示,在低于 95 km 的地方,ρ 远大于 1,离子-中性粒子碰撞力占据统治地位。离子会随着中性粒子一起运动。离子漂移速度可以近似为:

6

$$V_+ \approx U + \frac{e}{m_+ \upsilon_{in}} E \approx U \tag{1.5}$$

在高于 140 km 处,ρ 远小于 1,地磁场力占据主导地位。离子受到中性风的驱动沿着磁场线运动。离子漂移速度可以近似为:

$$V_+ \approx (U \cdot \Gamma) \Gamma \tag{1.6}$$

在高度 95 ~ 140 km 的范围内,离子-中性粒子碰撞力和地磁场力是趋于平衡的。方程(1.2)右端所有项都对离子漂移速度有贡献。其中,第二项的贡献尤其大。由第二项得到的离子漂移速度的方向为垂直于中性风和地磁场所组成的平面。为了得到离子漂移速度在三个正交方向上的分量,我们对方程(1.2)进行矢量分解后得到:

$$V_s = \frac{1}{1+\rho^2} \Big[(\rho^2 + \cos^2 I)\Big(U_s + \frac{e}{m_+ \upsilon_{in}} E_s\Big) - \rho\sin I\Big(U_s + \frac{e}{m_+ \upsilon_{in}} E_e\Big) +$$
$$\sin I \cos I\Big(U_z + \frac{e}{m_+ \upsilon_{in}} E_z\Big) \Big] \tag{1.7}$$

$$V_e = \frac{1}{1+\rho^2} \Big[\rho\sin I\Big(U_s + \frac{e}{m_+ \upsilon_{in}} E_s\Big) + \rho^2\Big(U_e + \frac{e}{m_+ \upsilon_{in}} E_e\Big) -$$
$$\rho\cos I\Big(U_z + \frac{e}{m_+ \upsilon_{in}} E_z\Big) \Big] \tag{1.8}$$

$$V_z = \frac{1}{1+\rho^2} \Big[\sin I \cos I\Big(U_s + \frac{e}{m_+ \upsilon_{in}} E_s\Big) + \rho\cos I\Big(U_e + \frac{e}{m_+ \upsilon_{in}} E_e\Big) +$$
$$(\rho^2 + \sin^2 I)\Big(U_z + \frac{e}{m_+ \upsilon_{in}} E_z\Big) \Big] \tag{1.9}$$

其中,U_s、U_e 和 U_z 分别表示中性粒子速度在东向、南向和垂直方向上的分量;E_s、E_e 和 E_z 分别表示局地电场在东向、南向和垂直方向上的分量;I 表示地磁场的磁倾角;地磁场的单位矢量为 $\Gamma = -(\cos I, 0, \sin I)$。由于垂直中性风速远小于水平风速,我们忽略中性风在垂直方向上的分量。因为电势在沿着地磁场线的方向上可以认为是相等的,南向电场分量和垂直向上电场分量有如下关系:

$$\frac{E_s}{E_z} = \frac{-\sin I}{\cos I} \tag{1.10}$$

这样,离子的垂直漂移速度可以改写为:

7

$$V_z = \frac{\cos I}{1+\rho^2}\Big[U_s\sin I + \rho U_e + \frac{E_e}{B_0} + \frac{E_z}{B_0\cos I}\Big] \qquad (1.11)$$

如方程(1.11)所示,离子的垂直运动取决于中性风和电场的共同作用。相较于电场的作用,受潮汐波和重力波所驱动的中性风可以对电离层 E 层引起更大的短时扰动。水平风场在方向上的变化可以形成风剪切效应,使离子积聚在一个薄层中从而形成偶发 E 层。然而,要使得风剪切效应产生偶发 E 层还需要一个必要条件,那就是中性风的相速度需要比离子的平均垂直漂移速度慢很多。风剪切效应具体的描述与解释请参看 Zhou [1991] 和 Mathews [1998]。

1.1.3 电离层探测技术

人们对电离层的观测可以追溯到大约一百年前。1925 年,Breit 和 Tuve 发明了电离层垂测仪。垂测仪由地面垂直向电离层发射调制频率为 0.5 ~ 20 MHz 的无线电波,并在同一地点接收回波信号。通过分析回波信号得到电离层等离子频率随高度的分布。1926 年,Breit 和 Tuve 利用垂测仪证实了电离层的存在。直到现在,电离层垂测仪仍然是测量电离层等离子体频率的重要探测仪器。早期电离层的观测主要是基于对无线电波频率低于 20 MHz 的相干反射来实现的。从 20 世纪 50 年代后期开始,随着火箭、卫星以及非相干散射雷达等新型的探测手段的发明和应用,人们对电离层的理解进入到了一个新的高度。装载在火箭上的朗缪探测仪可以在实地测量电子温度和密度。装载在卫星上的离子漂移探测器可以测量离子的视线漂移速度。1958 年,Gordon 提出了一个大胆的假设。如果电离层中自由电子微弱的背向散射信号能被大功率地基雷达所接收,自由电子的速度和密度就可以通过接收到的信后推导出来[Gordon,1958]。在 Gordon 的假设提出不久后,Bowles 在秘鲁完成了第一个利用雷达探测微弱的自由电子背向散射的实验。Bowles 所使用的雷达系统的基本参数为:发射频率为 40.92 MHz,峰值脉冲功率为 4 ~ 6 MW,脉冲长度为 50 ~ 150 μs [Bowles,1958]。实验结果表明 Gordon 的预言不是完全准确的。Bowles 利用回波信号的功率谱得出的多普勒频移比 Gordon 所预测的电子随机热运动所产生的多普勒频移要小很多。

8

这说明了,雷达探测到的是等离子体随机热运动的背向散射而不是自由电子的背向散射。Bowles 的实验成功地得到了电子浓度在高度范围 100～800 km 内的分布。除了电子浓度以外,非相干散射雷达所接收到的回波信号还含有其他的重要的电离层参数。比如,离子的视线速度、离子温度以及电子温度,等等。最近几十年,越来越多的卫星被送上了太空用来研究地球大气层和电离层。CHAllenging Mini-Satellite Payload(CHAMP)卫星发射于 2000 年 7 月。卫星上装载了磁力计、卫星导航接收机和离子漂移探测器等多项探测设备。通过 CHAMP 卫星,科学家们第一次得到了准确的重力场和地磁场同时观测数据。2001 年 12 月,美国国家航空航天局发射了用于探测地球中层和低热层(MLT)动力学过程的 Thermosphere Ionosphere Mesosphere Energetics and Dynamics(TIMED)卫星。TIMED 卫星上装载了四个探测仪器:全球紫外成像仪(GUVI)、太阳极紫外探测仪(SEE)、多普勒干涉计(TIDI)和大气辐射测量计(SABER)。这四个装置分别用来探测在 MLT 区域内的大气成分、太阳 X 射线和极紫外线强度、中性风速和温度。在卫星科技广泛应用于探测地球大气的同时,地基遥感雷达也在不断地发展。雷达站的数量不断地增多,并且雷达站点分布在了不同纬度上。比如南半球的 Jicamaca 雷达站,中纬的 Millstone Hill 雷达站,以及高纬的 EISCAT 雷达站。雷达站的功能也在不断地加强。2001 年,Arecibo 观测站成功地建立起了双波束非相干散射雷达系统。与单波束系统相比,双波束非相干散射系统可以测量到更准确的离子漂移速度。随着电子技术和计算机技术不断发展,电离层探测设备将会不断地完善。科学家们会逐渐获得更加精确的数据以及全面的电离层信息。探测手段的不断发展以及电离层理论的不断完善将会使电离层渐渐失去神秘的色彩。

1.2 非相干散射雷达简介

非相干散射在本文中是指等离子体对电磁波的散射。非相干散射雷达是指可以探测到在电离层的等离子体随机热运动的背向散射回波的雷达系统。由于单个等离子体对的回波能量非常小,非相干

9

散射雷达所探测到的回波能量是多个散射体回波信号的叠加。探测到的回波信号含有重要的电离层信息。四个重要的电离层参数:电子浓度、电子温度、离子/电子温度比以及离子视线速度可以直接从非相干散射回波功率谱中拟合而得到。其他重要的参数,比如,电场强度和中性风速可以通过进一步推导得到。虽然非相干散射探测技术早在 20 世纪 60 年代就得以实现,直到今天,它仍然是科学家们探测电离层最重要而且最直接的探测工具。在本节中,我们重点介绍非相干散射雷达方程、回波功率谱、Arecibo 非相干散射雷达系统以及其他美国非相干散射雷达站。

1.2.1　非相干散射雷达方程以及散射截面

雷达方程是利用雷达系统参数将接收到的回波功率与发射功率联系起来的确定性的模型,它广泛应用于雷达系统设计与分析中[Richards,2005]。本小节所介绍的非相干散射雷达方程以及等离子体的散射截面主要参考 Mathew[1986]和 Zhou[1991]的推导。

假设雷达发射出的能量是等方向性的,并且发射功率为 P_T;雷达天线增益为 $G(\theta,\phi)$,其中,θ 是雷达波束与雷达瞄准方向的夹角,ϕ 是波束相对应的方位角。在距离 R 处的峰值功率密度为:

$$F_i(\theta,\phi) = \frac{P_T LG(\theta,\phi)}{4\pi R^2} \qquad (1.12)$$

其中,$L(\leq 1)$ 是系统发射效率。当发射出的无线电波照射到散射体(等离子体)时,一部分入射功率会被散射体吸收,其余功率会被散射到四面八方。在被散射的功率中,有一小部分功率能量会再次辐射到雷达,称为背向散射。假设发射天线和接收电线是一样的,雷达所接收到的背向散射功率密度为(单位散射体每赫兹):

$$F_s(\theta,\phi) = \frac{F_i(\theta,\phi)\sigma(R,\omega)}{4\pi R^2} \qquad (1.13)$$

其中,$\sigma(R,\omega)$ 表示在距离 R 和频率 ω 的差分散射截面。用 $A_e(\theta,\phi)$ 来表示天线的有效孔径,它是指传输到天线负载的功率与电磁波照射到天线上的功率密度之比。天线有效孔径是描述天线接收特性的重要指标。它可以看成是一个虚拟的平面,反映了天线收集和传

输能量的效率。天线的有效孔径和天线的增益可以通过天线的方向性关联起来,它们之间的关系如下:

$$A_e(\theta,\phi) = \frac{\lambda^2}{4\pi} G(\theta,\phi) \qquad (1.14)$$

其中,λ 是雷达所发射的无线电波的波长。因此,雷达接收到的背向散射功率为(赫兹每单位散射体):

$$P_s(\theta,\phi,R,\omega) = \frac{P_T L \lambda^2 G^2(\theta,\phi)\sigma(R,\omega)}{64\pi^3 R^4} \qquad (1.15)$$

如果忽略掉无线电波穿越大气层所受到的衰减,方程(1.15)表示了一种简单形式的点散射雷达方程。而电离层中的等离子体属于体散射,对于不同的散射体,雷达方程的表述是不一样的,其中最主要的区别来自于散射截面。

根据 Gordon[1958] 的假设,如果雷达发射出的无线电波的波长足够小,由多个自由电子通过随机热运动对无线电波的散射就可以认为是非相干的。这样,非相干散射雷达接收到的总的散射能量就是多个自由电子散射能量之和。接收到的功率谱的多普勒频移与自由电子的热运动速度成正比。然而,Bowles 通过 1958 年的实验发现,雷达接收到的多普勒频移比 Gordon 所预测的由自由电子热运动引起的多普勒频移小很多。实验结果表明了接收到的散射能量不是自由电子的散射能量而是等离子体的散射能量。而且,等离子体对中的离子成分使得接收到的散射体散射能量部分相关了。因此,在散射截面中需要引入一个随频率变化的项 $\sigma_n(\omega)$,非相干散射雷达的散射截面表示为:

$$\sigma(R,\omega) = N_{e0}(R)4\pi r_e^2 \sigma_n(\omega) \qquad (1.16)$$

其中,$N_{e0}(R)$ 是在距离 R 处的稳态电子浓度;r_e 是电子半径;$\sigma_n(\omega)$ 是标准化散射效率(赫兹每电子)。

满足非相干散射探测需要一个条件,那就是雷达发射的无线电波的波长需要小于德拜长度。德拜长度 λ_D 的计算公式为:

$$\lambda_D = 69 m_e \sqrt{\frac{T_e}{N_e}} \qquad (1.17)$$

其中,m_e、T_e 和 N_e 分别表示电子质量、电子温度以及电子浓度。在电离层 F 层,德拜长度一般小于 1 cm。如果非相干散射雷达的发射波长小于 1 cm,那么接收到的回波信号的功率谱带宽大概为 20 MHz。这样一来,在每个频率采样点上的能量就会非常小,采样后的信号会淹没在噪音中。因此,在实际探测中,雷达的工作波长是远大于德拜长度的。因此,非相干散射雷达实际上并没有做纯粹的非相干探测。散射类型不是单纯的非相干散射给确定雷达散射截面带来了一定的难度。$\sigma_n(\omega)$ 的推导过程在许多文献中有过描述[e. g., Buneman 1962; Bekefi 1966; Farely 1966; Mathews 1986; Zhou 1991]。忽略掉电离层中的负离子,对所有频率分量积分后的总的散射截面可以表示为:

$$\sigma_n = \frac{\alpha_e^2}{1 + \alpha_e^2} + \frac{1}{(1 + \alpha_e^2)\left(1 + \dfrac{T_e}{T_i} + \alpha_e^2\right)} \tag{1.18}$$

其中,

$$\alpha_e^2 = \frac{4\pi\lambda_D}{\lambda} \tag{1.19}$$

方程 1.18 的准确性在满足 $1 \leq T_e/T_i \leq 3$ 的条件下是非常高的。

假设被雷达照射到的单位体积为 $0.5c\tau R^2\sin\theta\, \mathrm{d}\theta \mathrm{d}\phi$。其中,$\tau$ 为雷达脉冲长度,c 表示光速。雷达接收到的背向散射功率为(每赫兹):

$$P_s(R,\omega) = \frac{P_T L N_e(R)\sigma_n(R,\omega)c\tau\lambda^2 r_e^2}{16\pi R^2}\int_0^\pi G^2(\theta)\sin\theta \mathrm{d}\theta \tag{1.20}$$

为了简化形式,方程(1.20)一般表示为:

$$P_s(R,\omega) = \frac{K_{sys}P_T N_e(R)\sigma_n(R,\omega)}{R^2} \tag{1.21}$$

其中,

$$K_{sys} = \frac{Lc\tau\lambda^2 r_e^2}{16\pi}\int_0^\pi G^2(\theta)\sin\theta \mathrm{d}\theta \tag{1.22}$$

表示与雷达系统相关的常量。在计算方程(1.22)右端的积分时,一般假设雷达进行探测时的方位角是对称的。方程(1.21)就是非相干散射雷达的雷达方程。从雷达方程可以很直观地看出,接收功率与电子浓度和散射截面成正比。与方程(1.15)所示的点散射雷达方程不同,非相干散射雷达接收功率与距离的平方而不是四次方成反比。原因是等离子体对雷达发射信号的散射属于体散射。它对雷达接收信号起作用的散射体的体积是按照雷达探测距离的平方而随距离增加的。

1.2.2 非相干散射雷达功率谱

非相干散射雷达探测到的回波信号中含有很多既基本又重要的电离层信息。通过对回波信号的功率谱进行分析,就可以获得许多重要的电离层参数。图1-5展示了非相干散射雷达回波功率谱的示意图。图中忽略了随机噪声,x 轴表示回波频率,y 轴表示回波频率所对应的功率。

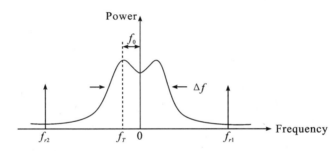

图1-5 非相干散射雷达回波功率谱示意图。f_T 表示发射频率,Δf 是频谱宽度,f_0 是平均多普勒频移

雷达回波功率谱主要包含两个部分。第一部分是频谱的中心部分,称为离子线(ion line)。如图1-5所示,离子线呈现双峰结构。离子线的形状是由电子/离子温度比、离子漂移速度和离子成分等电离层参量决定的。当这些电离层参量因为时间和高度会发生变化,相应的离子线结构也会发生变化。因此,从离子线结构随时间和高度的变化可以推导出电离层参数随时间和高度的变化。对离子线进行积分后得到的功率与等离子密度成正比。在图1-5中,f_0 为平均多普勒频移,它是发射频率 f_T 和中心频率的频率差值。通过 f_0 可以得到等离子体视线漂移速度。由图1-5中的频谱宽度 Δf 可以得到离子温度。通过对离子线进行非线性拟合,就可以直接得到离子视线速度、电子浓度、离子温度、电子温度和离子-中性粒子碰撞频率

13

[Zhou et al., 1997b]。许多其他的电离层以及大气参量,比如,电场强度和中性风速等,可以通过对离子线直接获得的参量做进一步推导而得到。

雷达回波功率谱的第二部分为出现在等离子体频率附近的等离子体线(plasma line)。因为等离子体线提供的信息集中在共振频率和与其对应的功率上,在图 1-5 中,我们用频率在 f_{r1} 和 f_{r2} 的两条垂直于 x 轴的直线分别表示上平移和下平移等离子体线。通过分析等离子体线可以得到更加准确的电子浓度和电子温度随时间和高度的分布。等离子体共振频率和等离子体频率有如下关系[Yngvesson and Perkins, 1968]:

$$f_r^2 = f_p^2 + \frac{12k_b T_e}{\lambda^2 m_e} + f_c^2 \sin^2\alpha \qquad (1.23)$$

其中, $$f_c = \frac{1}{2\pi}\frac{eB_0}{m_e c} \qquad (1.24)$$

f_c 是电子回旋频率; f_r 和 f_p 分别表示等离子体共振频率和等离子体频率;k_b 是波尔兹曼常数;α 是雷达波束和地球磁力线的夹角。方程(1.23)表明等离子体频率与共振频率、电子温度以及地磁场有关。等离子体频率与电子浓度之间又有如下近似关系:

$$f_p \approx 9000\sqrt{N_e} \qquad (1.25)$$

其中, f_p 和 N_e 的单位分别为赫兹和立方厘米。因此,只要知道电子温度和地磁场强度,通过方程(1.23)和方程(1.25)就可以计算出电子浓度。同时,通过等离子体线得到的电子浓度的精度比离子线高很多。原因是,在实际的雷达回波功率谱中会有大量的随机噪音存在。离子线的轮廓不可能像图 1-5 描述得那么明确。因此,对离子线进行曲线积分的结果会有比较大的不确定性。通过等离子体线得到电子浓度只需要在功率谱中定位到共振频率。而共振频率所对应的功率非常强,不容易淹没在噪音中,其数值可以很准确地得到。因此通过等离子体线得到的电子浓度的准确度更高。

在实际的雷达回波功率谱中,上平移和下平移等离子体共振频率并不是关于中心频率对称的。研究发现上平移和下平移等离子体共振频率的细微不对称是由电离层中电子温度、电流和光电子等因素决定的[Bauer et al., 1976；Showen，1979；Hagfors and Lehtinen，1981；Behnke and Ganguly，1986]。由于这种不对称很不明显，需要大功率雷达才能探测到。Nicolls et al.［2006］利用 Arecibo 非相干散射雷达，根据上下平移共振频率的不对称，第一次得到了高时空分辨率的电子温度。除了电子浓度和电子温度，通过研究等离子体线中共振频率所对应的功率还可以得到光电子能量的通量。

1.2.3 Arecibo 非相干散射雷达

1958 年，Gordon 提出了建设大功率非相干散射雷达探测电离层的想法。同年，他获得了美国政府的资助，开始了雷达站点选址和建设工作。1960 年，Gordon 决定在 Arecibo，波多黎各(18°N，67°W)建设世界第一座非相干散射雷达观测站。Arecibo 观测站坐落在 Arecibo 南部离市中心 6 mi(1mi = 1.609344km)的地方。那里天然的喀斯特地形以及巨大的石灰石坑是建造世界上最大的球面天线的绝佳地点。图 1-6 展示了 Arecibo 非相干散射雷达的俯视图。

图 1-6　Arecibo 非相干散射雷达俯视图

(http://www.naic.edu/public/about/photos/hires/ao001.jpg)

Arecibo 非相干散射雷达球面天线的直径为 305 m。三个巨大的石柱把发射机和托架悬挂在离天线 200 m 的上空。雷达的工作频率在 430 MHz 时的峰值功率为 2.5 MW。天线的有效孔径为 41.7 dB/m²。从 1963 年观测站建成后，直到现在，Arecibo 非相干散射雷达都是世界上功能最强大的雷达。1974 年，Arecibo 观测站成为美国国家天文和电离层

15

观测中心,为美国以及世界其他国家的科学家们提供观测数据。

　　Arecibo 非相干散射雷达功能十分强大,可以用于很多领域的研究。本书利用非相干散射雷达的目的是探测电离层对无线电波的非相干散射。通过拟合散射回波功率谱的离子线部分得到离子速度、电子浓度、电子温度和离子温度等电离层参数。然而,通过拟合离子线只能得到离子的视线速度。因此,在观测中,雷达波束的方位角需要在 90°或 360°的范围内不停地变化,从而收集到在不同方向上的视线速度。再经过转换,视线速度就可以转变为人们熟悉的在三个正交方向(南向、东向和垂直向上)的速度矢量。

　　通过雷达得到的电离层参数的时空分辨率对于研究电离层动力学是非常重要的。如果时空分辨率不高,一些小尺度的波动就不能被发现。然而,对于非相干散射雷达而言,提高雷达的高度分辨率面临着两难的选择。雷达高度分辨率与发射脉冲的时间长度成反比。而脉冲的长度又与雷达接收信号信噪比成正比。因此,高分辨率就意味着低信噪比。在 Arecibo 观测站,发射脉冲的长度一般为 52 μs,只有发射这种长度的脉冲,雷达才能探测到有效的回波信号。但是,长度为 52 μs 的脉冲就意味着雷达的高度分辨率为 7.8 km。这个分辨率对于研究 E 层的动力学显然是不够的。在这种情况下,需要利用雷达编码技术在不缩短脉冲长度的同时提高高度分辨率。1972年,Ioannidies and Farley 利用巴克编码(barker code)技术成功把高度分辨率提高到了 900 m。巴克编码是雷达系统中十分重要的二项编码。通过使脉冲中某些部分的相位反向来达到编码的目的。巴克编码的优点是所有脉冲旁瓣值都为 1。巴克编码的缺点是编码长度的最大值仅为 13,而且它对多普勒频移的容许度很差。1986 年,Sulzer 发明了一种长脉冲编码技术成功地将高度分辨率提高到了300 m。本文中所利用的 Arecibo 非相干散射雷达数据就是利用这种编码技术而得到的。具体的 Arecibo 非相干散射雷达数据获取方式请参考 Sulzer [1988]和 Zhou [1991]。

1.2.4　美国非相干散射雷达简介

　　非相干散射雷达是非常重要的地面遥感探测设备。它可以提供

非常有价值的电离层观测数据。科学家们可以利用非相干散射雷达
研究以及监控电离层。自从第一座非相干散射雷达在 Arecibo 建成
后,多座非相干散射雷达站在其他纬度上建立了起来。本节主要介
绍五座由美国或者主要由美国管理的非相干散射雷达站。表 1-1 和
1-2 分别列出了这五座雷达站的站点以及基本雷达参数。

表 1-1   美国非相干散射雷达站点

Facility	Affiliation	Location	Latitude	Longitude
Jicamarca Radar Observatory	Cornell University	Lima, Peru	11.95°S	76.87°W
Arecibo Observatory	Stanford Research Institute International	Arecibo, Puerto Rico	18.3°N	66.8°W
Millstone Hill Observatory	Massachusetts Institute of Technology	Westford, Mass., U. S.	42.6°N	71.5°W
The Sondrestrom Research Facilities	Stanford Research Institute International, Denmark's Meteorological Institude	Sonderstrom, Greenland	67°N	51°W
Advanced Modular Incoherent Scatter Radar (AMISR)	Stanford Research Institute International	Poker Flat, Alaska, U. S.	65°N	147°W
		Resolute Bay, Nunavut, Canada	74°N	94°W

表 1-2   美国非相干散射雷达主要参数

Facility	Antenna	Operating Frequency (MHz)	Peak Power (MW)
Jicamarca Radar Observatory	Array of 18432 dipole elements	49.92	4

续表

Facility	Antenna	Operating Frequency (MHz)	Peak Power (MW)
Arecibo Observatory	305 m spherical reflector	430	2.5
Millstone Hill Observatory	68 m parabola	440	2.5
	48 m parabola		
The Sondrestrom Research Facilities	32 m fully steerable	1290	3.5
AMISR	128 block-like panels	430 ~ 450	2

　　如表 1-1 所示,只有 Jicamarca 雷达观测站位于南半球,其他的站点分布在北半球低、中和高纬度的地方。分布在不同纬度上的站点形成了一个网络,提供了电离层在地球不同纬度上的信息。1958 年,由美国 Defense Advanced Research Project Office 资助,世界第一座非相干散射雷达在 Arecibo 于 1960 年开始动工。建成后的 Arecibo 观测站拥有世界上最大的球面雷达天线以及最强的非相干探测能力。它是这五座观测站中唯一能够利用回波功率谱的等离子体线来得到电离层参数的雷达站。1961 年,第二座非相干散射雷达站,Jicamarca 雷达观测站在 Lima,秘鲁,开始建设。由于其独特的地理位置,Jicamarca 雷达可以测量到非常准确的离子漂移速度和电场强度。通过使雷达波束指向垂直于地磁场方向,测量到的离子视线漂移速度的精度非常高,误差在 0.5 m/s。1963 年,麻省理工学院林肯实验室在波士顿郊区建设了 Millstone Hill 观测站。Millstone Hill 观测站有两套抛物面天线系统,一个方向可操控,直径为 46 m,另一个方向固定指向天顶,直径为 68 m。由于雷达站的地磁纬度为 53.4°N,磁倾角为 72°,接近亚极光带,因此在 Millstone Hill 观测站可以观测到亚极光带极化流现象[Foster et al., 2004]。1971 年,Chatanika 雷达从斯坦福大学搬到了 Fairbanks,阿拉斯加。11 年后,它又从 Fairbanks 搬到了 Sondrestrom,格林兰岛。处于高纬度的 Sondrestrom 观测站为研究高纬度电离层现

18

象提供了非常好的平台。Advanced Modular Incoherent Scatter Radar（AMISR）是美国最新成立的非相干散射雷达组织。它成立于 2004 年,由斯坦福国际研究院负责管理。AMISR 计划建设三个新的非相干散射雷达站。其中,两个雷达站先后于 2007 年和 2009 年在 Poker Flat，Alaska，以及 Resolute Bay，Nunavut，Canada，建立起来。第三个雷达站的选址工作已经在进行中。AMISR 雷达作为最新的雷达系统有以下几大优点:它可以被遥控操作,科学家们可以不必到观测站实地操控雷达;它可以实现低成本长时间观测;它可以很容易被拆除并在其他地点重新组装。

随着科技的进步,我们相信建设、运行以及维护非相干散射雷达的成本会逐步降低。越来越多的非相干散射雷达站会在全球不同的地点建立起来,并且提供长时间的观测数据。分布在不同站点的雷达提供大量的观测数据可以让科学家们更好地研究电离层在不同纬度、经度以及季节上的变化规律。非相干散射雷达是科学家们解开电离层之谜的重要工具。

1.3 本文的工作目的与内容安排

本文的目的是利用数据分析的方法来研究发生在 Arecibo 上空电离层 E 层和 F 层的动力学过程。本文所用的观测数据来源于 Arecibo 双波束非相干散射雷达在 2010 年 1 月 14 日到 23 日,以及 2002 年 12 月 3 日到 5 日的非相干散射实验。本文分析和讨论的动力学过程具体是指大气潮汐波、行星波以及 F 层电子浓度峰值高度在夜间的垂直运动。本文的内容安排如下:

第 1 章简要介绍了地球电离层的垂直结构、离子运动以及电离层探测技术。描述了非相干散射雷达的雷达方程以及散射截面。介绍了 Arecibo 观测站和美国其他非相干散射雷达站点。

第 2 章主要叙述了非相干散射雷达数据处理方法。详细给出了从离子视线速度转换为离子在南向、东向和垂直方向三个正交矢量速度的方法。描述了通过非相干散射雷达得到的电离层参数推导出在 E 层和 F 层的中性风的方法。介绍了通过约束拟合方法来降低因为数据缺失对最小二乘法拟合结果的影响。

第 3 章分析了高度范围为 90 ~ 350 km 内的 24 和 12 小时潮汐波以及准 2 天行星波。讨论了波幅和相位随高度的变化,以及潮汐波和行星波的短时变化。

第 4 章和第 5 章是本文的核心章节。

第 4 章给出了 8 小时和 6 小时潮汐波的分析结果。这是第一次高频潮汐波分量在低纬 F 层高度上被观测到。观测到的 8 小时潮汐波振幅非常强,相位也非常稳定。我们着重分析并讨论了 F 层 8 小时潮汐波的激发机制。

在第 5 章里,我们首先描述了发生在 Arecibo 的午夜塌陷现象(电子浓度峰值高度在午夜前后迅速下降)。然后,调查了午夜塌陷发生的原因。讨论了中性风、电场和双极扩散对午夜塌陷的作用。

第 6 章给出了全文的总结以及对以后工作的展望。

第2章 非相干散射雷达数据分析

本文的数据来源于 Arecibo 双波束非相干散射雷达在 2010 年 1 月 14 日到 23 日和 2002 年 12 月 3 日到 5 日进行的观测实验。在 2010 年 1 月的观测实验中，雷达波束的设置为：其中一条波束 (Linefeed) 指向天顶，另一条波束 (Gregorian feed) 在指向与天顶成 15°角的同时，方位角在观测过程中不停地变换以探测在不同方向上的电离层散射回波。在 2002 年 12 月的观测实验中，Linefeed 和 Gregorian feed 都指向与天顶成 15°角的方向，并且它们的方位角都在观测过程中不停地变换。本文所用的数据并不是非相干雷达探测到的原始回波信号，而是通过对回波功率谱离子线部分进行非线性拟合后而得到的电离层参数。具体的 Arecibo 非相干散射雷达数据获取方法请参考 Zhou et al. [1997b] 和 Zhou *and* Sulzer [1997]。直接用于本文研究的电离层参数为：离子视线速度、离子和电子温度以及电子浓度。在本章中，我们主要叙述了以下三种数据处理方法：通过离子视线速度得到离子在三个正交矢量方向上的速度的转换方法；E 层和 F 层中性风的获取；约束谐波拟合方法。

2.1 离子矢量速度的获取

非相干散射雷达可以测量到时空精度比较高的离子视线速度。然而，在研究电离层动力学时，研究者们更关心的是离子在三个正交矢量方向上的漂移速度。1974 年，Hagfors 和 Behnke 发明了一种将离子视线速度转换为离子矢量速度的方法。这种方法需要假设离子漂移风场在雷达波束一个旋转周期内是恒定的，并且在水平方向上没有梯度变化。Arecibo 雷达波束的旋转周期为 15 min，因此，利用上述方法,离子风场在 15 min 以内的变化就被忽略掉了。2005 年,Sulzer 等人应用线性回归方法得到了离子矢量速度。Sulzer 等人的方法大大提高了离子矢量速度的时间分辨率。他们的方法只需要假设离子风场在时间分辨率内的变化是线性的。这个假设条件比前一种方法的假设条件更加贴近于实际情况。依据 Press et al. [1992]和 Sulzer et al. [2005]这两篇文献,我们对线性回归方法的原理以及应用做具体介绍。

离子视线速度与三个正交矢量速度有如下关系:

$$\begin{bmatrix} V_{LOS}^{(1)} \\ V_{LOS}^{(2)} \end{bmatrix} = \begin{bmatrix} -\cos\varphi\sin\theta^{(1)} & \sin\varphi\cos\theta^{(1)} & \cos\theta^{(1)} \\ -\cos\varphi\sin\theta^{(2)} & \sin\varphi\cos\theta^{(2)} & \cos\theta^{(1)} \end{bmatrix} \begin{bmatrix} V_x \\ V_y \\ V_z \end{bmatrix} \quad (2.1)$$

其中,θ 是天顶角,φ 是方位角,V_{LOS} 表示离子视线速度,上标(1)和(2)分别代表雷达的两个波束,$[V_x\ V_y\ V_z]^T$ 是未知的离子矢量速度在南向、东向以及垂直方向上的分量。为了方便表示,方程(2.1)可以改写为 $b = A \cdot V$。由于方程(2.1)的未知数比已知方程组的数量多,用普通方法求解方程,方程的解不是唯一的。线性回归方法通过引入额外信息进入方程组,从而达到使方程组的解唯一的目的。因为本文是应用线性回归方法求解离子矢量速度,所以额外信息就是前面所提到的假设条件:离子风场在时间分辨率内是线性变化的。这个额外信息通过矩阵 H 加入到方程(2.1)中。新的方程为:

$$(A^T A + \lambda_s H)V = A^T b \quad (2.2)$$

其中,λ_s 是控制参数,它控制着矩阵 H 在方程(2.2)中的强弱作用。在本文中,矩阵 H 是从 Sulzer et al. [2005]中得到的。有关矩阵 H 具体的描述请参考 Press et al. [1992] 和 Sulzer et al. [2005]。

在应用线性回归方法时,我们需要参数 λ_s 和矩阵 H。由于矩阵 H 根据假设条件已经确定,我们只需要讨论参数 λ_s 的选取。然而,与矩阵 H 不同,λ_s 的选取没有什么设定条件,似乎可以取任意数。Press et al. [1992]仅仅提供了 λ_s 的初始猜测公式:

$$\lambda_s = T_r(A^T A)/T_r(H) \quad (2.3)$$

其中,T_r 表示矩阵的迹。Sulzer et al. [2005]利用仿真实验来得到合

理的 λ_s。因为研究的侧重点不同,Sulzer 等人的实验结果并不能直接应用于本文。本文的目的是研究在 E 层和 F 层的潮汐波和行星波。潮汐波和行星波含有周期不同的谐波分量(第 3 章会对潮汐波和行星波做具体介绍)。那么,在应用线性回归方法时,有以下两点值得注意:①不能破坏以及改变离子视线速度所含有的原始信息。②对不同的潮汐波和行星波谐波分量的响应不能有明显的区别。根据我们的研究目的,我们设计了仿真实验来选取合适的 λ_s。具体的仿真步骤如下:首先,产生三个方向上的正交离子矢量速度(V_i)。对于每一个正交方向上,生成五组离子速度,速度值分别由周期为 6、8、12、24 以及 48 小时的谐波组成。也就是说,初始产生的离子矢量速度有五组,每一组由一个谐波周期组成。然后,根据非相干散射雷达实际工作时天顶角和方位角的变化(天顶角为 15°,方位角在 15 min 内变化 360°),把这五组离子矢量速度转换成离子视线速度。再将随机噪声加入到转换好的离子视线速度中,使得实验合成的离子视线速度更加符合雷达实际观测的结果。下一步就是通过线性回归方法把合成的离子视线速度转换成正交离子矢量速度($V_i(\lambda_s)$)。由于矩阵 **H** 已经确定,因此,转换的结果只与参数 λ_s 有关。我们选取了多个 λ_s 数值,从而可以得到与每个 λ_s 相对应的正交离子矢量速度。实验的最后一步就是对实验得到的正交离子矢量速度($V_i(\lambda_s)$)与实验第一步产生的离子矢量速度(V_i)进行比较,以选取最优的 λ_s。对于 λ_s 的选取,我们制定了两个标准。由于参数 λ_s 有平滑转换结果的作用,λ_s 数值不能选取的太大以至于过分平滑离子矢量速度,导致部分初始数据信息消失。为了评估转化结果是否被过度平滑,我们计算了 $V_i(\lambda_s)$ 与 V_i 之间的振幅的比值。东向和南向分量的计算的结果分别显示在了图 2-1(a)和图 2-2(a)中。第一个选择标准为,如果比值小于 0.9,我们就认为线性回归转换后的结果被过度平滑了。相对应的 λ_s 就被认为是不合理的。另外一个需要注意的问题是,$V_i(\lambda_s)$ 和 V_i 之间不能有太大的误差。我们计算了 $V_i(\lambda_s)$ 和 V_i 之间的平均平方根(root mean square),计算公式如下:

$$\gamma(\lambda_s) = \sqrt{\frac{\sum_{i=1}^{n}(V_i - V_i(\lambda_s))^2}{n}} \qquad (2.4)$$

其中,n 表示实验中所用到的数据点的个数。东向和南向分量的计算结果分别显示在图 2-1(b)和图 2-2(b)中。第二个选择标准为,选取与方程(2.4)结果最小值相对应的 λ_s 数值。需要注意的是,为了确保 λ_s 对于不同周期的离子视线速度的效应一样,两个选择标准需要同时适用于实验第一步产生的五组不同周期的离子矢量速度。

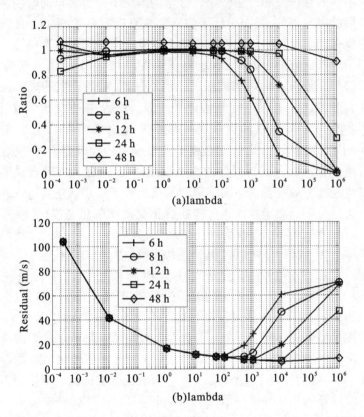

图 2-1 (a)与 λ_s(lambda)对应的东向分量 $V_i(\lambda_s)$ 振幅与 V_i 振幅之间的比值;
(b)与 λ_s(lambda)对应的东向分量 $V_i(\lambda_s)$ 与 V_i 的平均平方根结果

在图 2-1 中,x 轴表示在实验中所选取的 λ_s 数值。其中最小的数值是根据方程(2.3)计算得到的。如图 2-1(a)所示,根据第一个标准,λ_s 的范围为 $10^{-2} \sim 10^2$ 是合适的。在其他范围内,有周期分量被过度平滑了。从平均平方根的计算结果来看,综合离子速度在不同周期的结果,λ_s 等于 100 是最优的选择。因此,从东向分量的实验结果,λ_s 等于 100 是最优的选择。不过,最终的选择还得根据南向分量的结果,一起做决定。

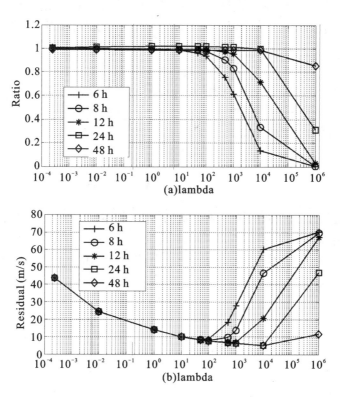

图 2-2 与图 2-1 相同,但表示的是南向分量

如图 2-2(a)所示,根据第一个标准,λ_s 在小于或等于 100 的范围内都是满足标准的。在图 2-2(b)中,根据第二个标准,λ_s 等于 100 是最优的选择。因此,λ_s 等于 100 对南向分量也是最优的选择。所以,根据实验结果,我们选择 λ_s 等于 100 来应用线性回归方法。

2.2　中性风的获取

大气潮汐波和行星波是中性大气的波动。因此,我们需要得到在 E 层和 F 层的中性大气的速度。在本节中,我们给出了从非相干散射雷达测得的电离层参数推导出中性风速的具体方法。

2.2.1　E 层中性风的推导

假设在方程(1.1)左端的加速度项的值非常小以至于可以忽略不计,中性风和离子漂移速度在 E 层的高度范围内受到离子 – 中性粒子碰撞、电场以及地磁场的作用而相互耦合。它们的关系可以表示为 [e.g., Zhou et al., 1997b]:

$$\frac{e}{m_+ v_{in}}(\boldsymbol{V}_+ \times \boldsymbol{B} + \boldsymbol{E}) = \boldsymbol{V}_+ - \boldsymbol{U} \qquad (2.5)$$

因为垂直于水平面的中性风分量的振幅,比水平方向上的中性风分量的振幅小很多,我们忽略了中性风的垂直分量。在地磁坐标系中,分解方程(2.5)在经向(向南为正)和纬向(向北为正)的投影可以得到[e.g., Harper et al., 1976; Zhou et al., 1997b]:

$$U_s = V_s + V_z \tan I \qquad (2.6)$$

$$U_e = V_e - \frac{1}{\rho}(V_s \sin I - V_z \cos I + \frac{E_e}{B_0}) \qquad (2.7)$$

其中,下标 s、e 和 z,分别表示南向、东向和垂直水平面向上;E_e 表示局地东向分量的电场强度。ρ 的数值可以由方程(1.4)计算得到。I 和 $\boldsymbol{B}_0$ 在 *Arecibo* 的数值分别为 45° 和 0.34 *G*。E_e 可以由 F 层北向并且垂直于地磁场的离子漂移速度,而计算得到 [Zhou et al., 1997b]。在 Arecibo,磁偏角为 11°,地理坐标系(x, y, z)和地磁坐标系(x′, y′, z′)的转换关系为[e.g., Harper et al., 1976]:

$$V'_x = V_x \cos 11° + V_y \sin 11°$$

$$V'_y = -V_x \sin 11° + V_y \cos 11° \qquad (2.8)$$

$$V'_z = V_z$$

其中,x, y, z 分别表示南向、东向和垂直水平面向上。根据方程

(2.8)、(2.6)和(2.7)可以很容易地从地磁坐标系形式转换到地理坐标系形式。由于南向风和北向风在两个坐标系的结果相差不大，并且，它们在地磁坐标系的形式更为简单。我们就以方程(2.6)和(2.7)做以下讨论。与方程(2.7)相比，方程(2.6)的形式更为简单。经向风只与离子漂移速度有关。然而纬向风还与 ρ 以及东向电场有关。纬向风的精度在很大程度上是由 ρ 决定的，尤其当 ρ 小于 1 时。在第 1 章介绍过，ρ 是离子-中性粒子碰撞频率和离子回旋频率的比值。当高度范围在 110 km 以下时，由于离子-中性粒子的碰撞频率很高，ρ 值很大，纬向风速可以认为是纬向离子漂移速度。当高度在 110~135 km 的范围内，纬向风受到 ρ 和东向电场的共同作用。当高度范围高于 135 km 时，由于离子回旋频率远大于离子-中性粒子碰撞频率，ρ 值很小，任何来自方程(2.7)右端括号内的误差会被放大 $1/\rho$ 倍。通过方程(2.7)得到的纬向风速也就不可靠了。因此，在本文中，纬向风的上限高度为 135 km。基于这个原因，经向风在地理坐标系的上边界

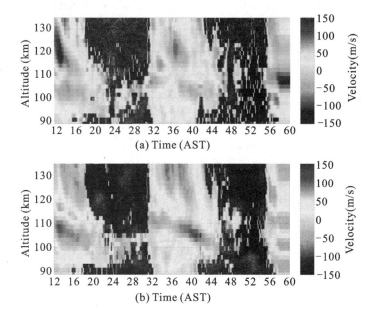

图 2-3 通过 Arecibo 非相干散射雷达在 2010 年 1 月 19 日到 21 日的观测数据推导出在 E 层地理坐标系下的(a)纬向风；(b)经向风

高度也被限定为 135 km。图 2-3(a)和(b)分别给出了在地理坐标系下 E 层高度范围内观测周期从 2010 年 1 月 19 日到 21 日的纬向风和经向风。

如图 2-3 所示,中性风的两个分量在夜间的时候都有大量的不可靠数据(图中黑色部分)。原因是电离层 E 层夜间的电子浓度很稀薄,非相干散射雷达探测到的回波信号的信噪比非常低,以至于不能从回波功率谱中提取得到有效的电离层信息。但是,在夜间 100 km 左右处,我们仍然可以得到可用的数据。这是因为那一部分区域是偶发 E 层,偶发 E 层内的电子浓度足够高,所以非相干散射雷达可以探测到有效回波。

2.2.2 经向风在 F 层的推导

由于纬向风在地理和地磁坐标系的高度上限均为 135 km,在 F 层,我们只能得到在地磁坐标系下的经向风。计算 F 层经向风的公式如下[Aponte et al., 2005]:

$$u_s = (v_{ap} - v_d) \sec I \qquad (2.9)$$

其中,v_{ap} 表示方向为与地磁场的方向平行且相反的离子漂移速度;v_d 表示扩散速度(垂直向上为正)。扩散速度可以由以下公式计算得到[Aponte et al., 2005]:

$$v_d = - D_a \frac{T_p}{T_r} \sin I \left(\frac{1}{n_e} \frac{dn_e}{dz} + \frac{1}{T_p} \frac{dT_p}{dz} + \frac{0.36}{T_r} \frac{dT_r}{dz} + \frac{1}{H_p} \right) \qquad (2.10)$$

其中,$D_a = \dfrac{2k_b T_i}{m_i v_{in}}$ 是双极扩散系数;n_e 是电子密度;$T_p = (T_i + T_e)/2$,$T_r = (T_i + T_n)/2$,,$H_p = \dfrac{2k_b T_p}{m_i g}$,$T_i$,$T_e$,以及 T_n 分别为离子、电子和中性气体的温度。T_i,T_e 和 n_e 直接由 Arecibo 非相干散射雷达测量得到。T_n 由 MSIS-E-90 大气模型得到。v_d 与离子-中性粒子的碰撞频率是高度相关的。然而,从现有的研究阶段得到的离子-中性粒子的碰撞频率的准确度并不是非常高。在 F 层,主要的离子成分为 O^+,它与中性粒子的碰撞频率由以下公式计算得到 [Buonsanto and Witasse,1999]:

$$v_{in} = \frac{k_b \{0.3 T_r^{0.5} (1 - 0.135 \log \frac{T_r}{1000})^2 [\mathrm{O}] + 6.9 [\mathrm{N}_2] + 6.7 [\mathrm{O}_2]\}}{519.6 \times 10^{16} m_{\mathrm{O}^+}}$$

$$(2.11)$$

其中,m_{O^+} 表示 O^+ 离子的质量,单位为原子质量单位(atomic mass unit);$[\mathrm{O}]$,$[\mathrm{N}_2]$ 和 $[\mathrm{O}_2]$ 分别表示中性气体的数密度,单位为每立方厘米。中性气体的数密度是由 MSIS-E-90 大气模式而得到的。图 2-4 展示了在地磁坐标系下 F 层高度范围内观测周期从 2010 年 1 月 19 日到 21 日的经向风。

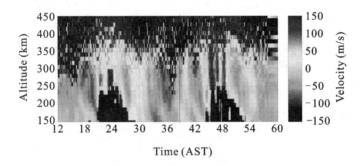

图 2-4　通过 Arecibo 非相干散射雷达在 2010 年 1 月 19 日到 21 日的
观测数据推导出在 F 层地磁坐标系下的经向风

如图 2-4 所示,由于扩散速度在 350 km 以上的数值不准确,导致最后得到的经向风在高于 350 km 的高度上不可用。因此,在本文中,F 层经向风的高度上限为 350 km。比较方程(2.6)和(2.9)可以发现,它们之间唯一的区别就是方程(2.9)的右端多了扩散速度项。这是因为扩散效应在 E 层可以忽略不计。

　　根据 2.2.1 和 2.2.2 两小节所描述的方法,我们得到了 E 层和 F 层的中性风场。E 层中性风是在地理坐标系下高度范围为 90 ~ 135 km 的纬向和经向风。F 层中性风是在地磁坐标系下高度范围 150 ~ 350 km 的经向风。

2.3　约束谐波拟合方法

　　因为电离层 E 层夜间的电子浓度很低,非相干散射雷达不能测得有用的数据信息。因此,通常非相干散射雷达测得的数据在 E 夜间基本上都是无效的(偶发 E 层出现的高度处除外,如图 2 - 3 所示)。对于通过谐波拟合从中性风中提取 24 和 12 小时潮汐波而言,缺少夜间的数据就意味着谐波拟合结果的准确度会大大降低。我们通过以下实验来解释这个问题。

　　首先,我们产生一组随时间变化,时间长度为 24 小时的速度矢量。这个速度矢量由周期为 24 和 12 小时的谐波、背景速度以及随机噪声组成。假设这组速度矢量是由非相干散射雷达在 E 层探测得到,那么,只有白天的数据(图 2 - 5 灰色区域)可以用来做谐波拟合分析。利用最小二乘法进行谐波拟合后的结果在图 2 - 5 中以灰线表示。

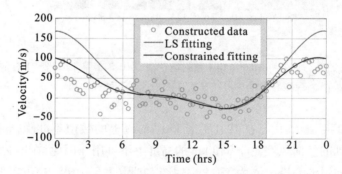

图 2 -5　灰色圆圈表示产生的速度矢量;灰线表示最小二
乘法拟合结果;黑线表示约束拟合结果

　　从图 2-5 可以看出,最小二乘法在夜间的拟合结果与实际产生的数据相比有很大的差异。这是因为在拟合时,我们没有给予任何的夜间信息。这意味着,在夜间任何的拟合结果都是可以接受的。为了能使夜间拟合的结果更加贴近于实际,我们对夜间的风速加以限制。通过非相干散射雷达在白天的观测数据我们知道,在 E 层的中性风的最大值极少超过 150 m/s。通过查看卫星和激光雷达在 E 层夜间的风速,我们也很少发现中性风的速度超过 150 m/s。因此,我们对夜间 E 层的中性风速加以最大值为 150 m/s 的限制。与最小二乘法仅仅利用白天的数据不同,我们对全天的数据进行约束拟合。约束拟合可以用以下数学表达式来说明:

$$f_{\text{err}} = \frac{1}{N}\sum_{i=1}^{N}[\,F_{\text{day}}(i) - y(i)\,]^2\left(1 + \frac{1}{M}\sum_{j=1}^{M}|\frac{F_{\text{night}}(j)}{V_{\text{max}}}|^\beta\right) \quad (2.12)$$

其中,f_{err} 表示约束拟合的误差,F_{day} 和 F_{night} 分别表示白天和夜间拟合后的数据点。$y(i)$ 表示非相干散射雷达在白天的观测值。V_{max} 表示夜间速度能够达到的最大值。在实验中,我们选取 V_{max} 为 100 m/s,但是在对非相干散射雷达数据进行约束拟合时,V_{max} 的数值为 150 m/s。参数 β 具体的值并不重要,只要它远大于 1 即可。在实验中,β 的数值为 100。它的作用为:当方程(2.12)圆括号内的绝对值大于 1 时,β 使绝对值远大于 1;当绝对值小于 1 时,β 使绝对值远小于 1。这样,既可以在夜间加限制条件,同时可以确保白天的数据在拟合中占有更大的权重。图 2-5 中灰线显示了约束拟合结果。如图 2-5 所示,在夜间,约束拟合结果明显优于最小二乘法拟合结果。而且,在没有数据缺失的白天,约束拟合结果与最小二乘法拟合结果并没有明显区别。这说明了约束拟合方法不会在有数据的情况下明显改变最小二乘法的拟合结果。

第3章　Arecibo 上空低频大气潮汐波和准 2 天行星波的观测研究

3.1　大气潮汐波简介

大气潮汐波是主要受到太阳辐射而激发的大气大尺度波动。由于太阳辐射仅仅发生在白天,而且辐射强度随高度变化。这种白天-夜间有规则的辐射方式,使潮汐波的周期与一个太阳日是相关的。周期为 24 小时和 12 小时的潮汐波(低频潮汐波)经常被探测仪器捕捉到。它们具有很强的水平振幅,在很大程度上影响着能量在大气中的传输。周期为 8 小时和 6 小时的潮汐波(高频潮汐波)由于其自身的不稳定性而不容易被观测到。除了根据周期的不同区分不同的潮汐波分量外,依照传播模式的不同,大气潮汐波可以分为迁移潮汐波(migrating tides)和非迁移潮汐波(non-migrating tides)。从地面上某一个静止观测点来看,迁移潮汐波的传播与太阳的运动是同步的。它们以相同的速度向西方运动。迁移潮汐波在局地随时间的变化,在不同经度上是相同的。相反的,非迁移潮汐波与太阳的运动是不同步的,它在局地随时间的变化在不同经度上也并不相同。非迁移潮汐波要么向东传播,要么以与太阳不同的速度向西传播,要么它以驻波的形式存在。以 s 和 n 分别表示纬向波数和太阳日的次谐波数。对于迁移潮汐波而言,s 和 n 的关系必定为 $n = -s$。s 前面的符号表示潮汐波的传播方向,向东传播为正。

地球大气的密度随高度增高而降低。根据能量守恒定律,在低层大气激发的潮汐波,当它向上传播到高层大气时,它的振幅是逐渐增大的。因此,低层大气小振幅潮汐波上传到高层大气后,其振幅会

在量级上放大。如果,这些上传的潮汐波发生破碎,它们就会把能量
释放到高层大气中,引起高层大气的扰动。此外,潮汐波与重力波,
以及行星波之间的相互作用也会对背景大气造成很大的影响。所
以,研究大气潮汐波对于理解能量在大气中的传输是非常重要的。
正是因为这种重要性,科学家们对大气潮汐的激发和传播过程,从理
论和实验观测分析上做了大量的研究,也取得了很大的进展。1970
年,Chapman and Lindzen 对大气潮汐理论做了很详细的总结。他们
从基本的大气潮汐方程出发,求解出了大气潮汐的基本纬向结构
(Hough modes)。Forbes[1982a,1982b]通过数值分析方法研究了
24 小时和 12 小时潮汐波。他的分析结果表明大气潮汐波主要由三
种激发机制产生:1. 吸收太阳辐射在局地激发;2. 受离子-中性气体
动量耦合激发;3. 受太阳引力作用而激发。根据 Forbes 的数值模
型,Hagan et al.[1995]建立了全球尺度波动模型(GSWM)。许多重
要的大气参数,比如,背景风场、潮汐驱动力以及耗散项等,都可以在
GSWM 模型中具体定义。因此,GSWM 模型可以更为真实地模拟大
气潮汐运动。1995 年,Forbes 根据波动的控制方程和波传播的物理
原理对大气潮汐波做了更为基本的介绍。他总结出,在中层和低热
层(MLT)的迁移潮汐主要是由大气中的氧原子吸收太阳紫外线辐
射后激发的。在对流层和平流层,迁移潮汐主要形成机制分别是通
过水汽和臭氧层吸收太阳辐射而激发。Hagan and Roble[2001]通
过分析 thermosphere-ionosphere-mesosphere-electrodynamics general
circulation model(TIME-GCM)的模拟数据后认为,迁移潮汐和行星
波的非线性相互作用是激发非迁移潮汐的重要方式。2002 年,
Hagan and Forbes 通过分析 GSWM 模型的数据发现,在对流层,非迁
移潮汐主要是由地潜伏热的释放而激发的。除了上面所介绍的理论
研究外,大量的通过卫星[e.g.,Huang and Reber,2003;Wu et al.,
2008a,2008b;Xu et al.,2009;Iimura et al.,2010]流星雷达
[e.g.,Thayaparan and Hocking,2002;Lau et al.,2006;Lu et al.,
2011],以及激光雷达[e.g.,She et al.,2004;Sherman and She,
2006;Li et al.,2009]的观测研究也使科学家们对大气潮汐波的认
知不断的增强。卫星探测和地基雷达探测这两种探测技术对于研究

大气潮汐波起到了相互补充的作用。地基雷达可以测量到高时空分辨率的局地潮汐变化。而卫星探测由于其探测数据覆盖整个经度，其探测数据可以从总的大气潮汐波中区分出迁移潮汐和非迁移潮汐分量。因此，由卫星搭载的测风以及测温装置是研究迁移潮汐和非迁移潮汐的重要工具。理论模型和探测设备为学习大气潮汐提供了一个有力的平台，使得科学家们对潮汐波的研究不断地完善。

　　然而，绝大多数对于大气潮汐的观测研究都集中在了 MLT 区域。这是因为在其他区域缺乏有效的探测手段。高于 116 km，非相干散射雷达基本上是研究者们得到时变风场和温度场数据的唯一探测设备。虽然，有很多文献报道了利用 Arecibo 非相干散射雷达的24 小时和 12 小时潮汐波的观测研究。但是，就我们所知，只有三篇文献 [Harper et al.，1976；Harper，1981；Zhou et al.，1997a] 研究了大气潮汐波在冬季的特性。在本章中，我们利用 Arecibo 双波束非相干散射雷达在 2010 年 1 月 14 日和 23 日间的观测数据，分析了在冬季低纬度 E 层和 F 层高度上的大气低频潮汐波。由于观测实验是利用双波束非相干散射系统，并且我们应用了线性回归以及约束拟合方法，本书得到的潮汐波结果应该会比过去的结果准确。需要注意的是，由于实验结果是由单站地基雷达得到的，我们无法区分观测到的潮汐波是迁移潮汐分量还是非迁移潮汐分量。

3.2　功率密度谱分析

　　对于任意一段中性风数据，在不经过任何分析前，我们并不知道这段数据中含有哪些大气潮汐波分量。因此，我们需要对数据进行功率密度谱分析。数据的功率密度谱，又称作周期图，给出了这段数据中各个频率分量的强弱程度。由于我们的数据在时间上的采样间隔是不均匀的，如果采用传统的 FFT 方法计算其功率谱，就必须先对数据进行插值。因此，我们采用 Lomb-Scargle 方法 [Lomb，1976；Scargle，1982；Press et al.，1992] 来计算数据的功率谱密度。Lomb-Scargle 方法优于 FFT 方法的原因是：前者是基于数据点加权计算功率谱强度，而后者是基于等时间间隔加权。因此，前者可以充分利用密集点所包含的信息。基于 Lomb-Scargle 方法计算的 F 层和 E 层中性风的功率谱结果分别呈现在 3.2.1 小节和 3.2.2 小节中。

3.2.1 F 层经向风功率谱密度结果

在 2.2 小节中已经讨论过,在 F 层,我们只能通过非相干散射雷达得到在地磁坐标系下的经向风。图 3-1 给出了 F 层经向风的周期图。x 轴表示频率,y 轴表示高度。

如图 3-1 所示,24、12、8 和 6 小时谐波分量在 F 层的经向风中占据主导地位。其中,24 小时潮汐波分量在所有高度范围内都是最强的谐波分量。8 小时潮汐波分量在 270~330 km 的高度范围内仅仅弱于 24 小时潮汐分量。12 小时和 6 小时谐波分量相对比较弱。

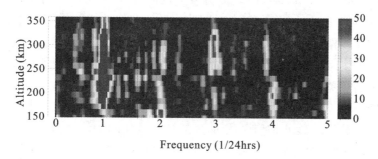

图 3-1　经向风在 2010 年 1 月 14 日到 23 日间的周期图

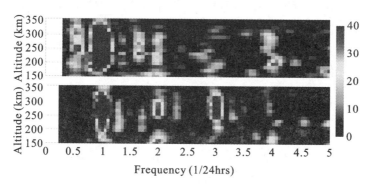

图 3-2　F 层经向风分别在(上)1 月 14 日到 18 日;(下)1 月 18
　　　　日到 23 日间的周期图

为了调查上述四个谐波分量随时间变化的稳定性,我们把总共 9 天的数据分为两个部分,观测的前 4 天(1 月 14 日到 18 日)称为周期 1,观测的后 5 天(1 月 18 日到 23 日)称为周期 2。图 3-2 给出了经向风在两个周期内的功率谱密度(图 3-2 发表在了 Gong et al.,2013,JGR)。

　　从图 3-2 可以看出,占据统治地位的谐波分量在两个周期内是不一致的。周期 1 中的频谱成分比周期 2 中丰富很多。在周期 1 中,40、24、15、12 和 6 小时谐波分量占据主导地位。其中,24 小时潮汐波分量是最具统治地位的谐波分量,它占据了经向风在周期 1 中的大部分能量。余下的能量似乎由其余四个谐波分量平均分配了。40、15 和 6 小时谐波分量仅仅出现在周期 1 中,说明它们的稳定性不高。40 小时和 15 小时谐波分量的同时存在暗示了 15 小时谐波分量可能是 40 小时和 12 小时谐波分量的非线性相关作用产生的。根据非线性作用的频率关系,40 小时和 12 小时谐波分量在理论上可以产生 15 小时的谐波。但是,观测到的 15 小时分量是否一定为非线性相关作用的结果还得根据这 3 个谐波分量垂直结构的关系来判断。在周期 2 的功率谱结果中,24、12 和 8 小时潮汐分量是最强的谐波分量。24 小时潮汐分量又是其中最强的潮汐分量。相较于周期 1,12 小时分量在 250 ~ 300 km 的高度范围内明显增强。功率谱密度在周期 1 和周期 2 的最大区别就是 8 小时潮汐波分量。仅在周期 2 中出现的 8 小时潮汐波在 250 ~ 330 km 的高度范围内非常显著。通过图 3-2 可以得出,24 小时潮汐波分量是在连续 9 天的观测时间内占据主导地位的谐波扰动。在周期 2 中激发出的 8 小时潮汐波分量是经向风的功率谱密度在两个周期中不同的主要原因。

3.2.2　E 层中性风功率谱密度结果

　　在 E 层,通过非相干散射雷达我们可以得到中性风在水平面上两个正交方向上的分量。E 层经向风和纬向风的功率谱密度由图 3-3 给出(图 3-3 发表在了 Gong et al.,2013,JGR)。

　　如图 3-3 所示,24 小时和 12 小时潮汐波分量在经向风中占据主导地位,在高度范围 115 ~ 130 km 尤其突出。在纬向风中,24、12

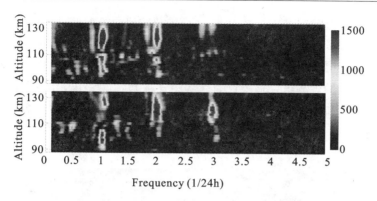

图3-3 E层(上)经向风;(下)纬向风,从2010年1月14日到23日的周期图

和8小时潮汐波分量是最强的谐波扰动。其中,24小时潮汐分量在110 km下占据主导地位。在110 ~130 km高度范围内,12小时和8小时分量是最突出的谐波扰动。与对F层经向风的处理方法相同,我们把E层中性风9天的数据也分为前4天和后5天两个周期。经向风和纬向风在两个周期内的功率谱分别呈现在图3-4和图3-5中(图3-4和3-5发表在了Gong et al.,2013,JGR)。

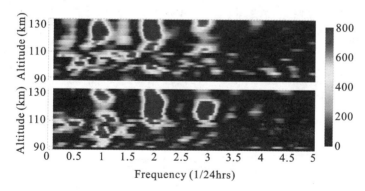

图3-4 E层(上)经向风;(下)纬向风,从2010年1月14日到18日的周期图

如图3-4所示,在周期1中,24、12和8小时潮汐波分量在中性

风的两个分量中都占据统治地位。在经向风中,24 小时和 12 小时潮汐波分量在高于 110 km 处很强。8 小时潮汐波分量在 110 km 和 130 km 处展现出了比较强的扰动。纬向风在周期 1 中的结果与在整个 9 天的观测结果是一致的。从图 3-4 可以总结出,在观测的前 4 天,12 小时潮汐波分量在中性风的两个分量中都是最为显著的潮汐波分量。

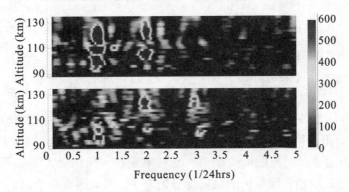

图 3-5　E 层(上)经向风;(下)纬向风,在周期从 2010 年 1
月 18 日到 23 日的周期图

如图 3-5 所示,在经向风中,24 小时和 12 小时潮汐波分量是最强的振动。8 小时潮汐波分量并没有出现在周期 2 中。与周期 1 相比,在 110 km 以下,24 小时和 12 小时潮汐波分量在周期 2 中明显得到加强。在纬向风中,仍然是 24、12 和 8 小时潮汐波分量占据统治地位。只是,和周期 1 相比,各个潮汐波分量的振动都变弱了。

根据中性风的不同分量在不同高度以及不同周期内的功率谱密度,我们可以从中性风中同时提取出在周期图中占据主导地位的潮汐波分量。对中性风在不同高度和时间范围内进行拟合的谐波分量如表 3-1 所示。

表 3-1　　经向风和纬向风分别在 E 层和 F 层中同时被拟合的谐波分量

	经向风 同时拟合的谐波分量（小时）		纬向风 同时拟合的谐波分量（小时）	
	周期 1 2010.1.14～18	周期 2 2010.1.18～23	周期 1 2010.1.14～18	周期 2 2010.1.18～23
F 层	40,24,15,12,6	24,12,8	…	…
E 层	24,12,8	24,12	24,12,8	24,12,8

　　我们在下面几节中给出了谐波约束拟合的结果,并对结果进行了讨论。

3.3　24 小时潮汐波结果与讨论

　　根据以往在 Arecibo 的观测结果,24 小时潮汐波在 110 km 以下占据统治地位,在 110 km 以上,12 小时潮汐波占据主导地位[Harper 1979,1981]。然而,如图 3-1 所示,我们的观测结果表明 24 小时潮汐波在 F 层是最强的谐波分量。F 层 24 小时潮汐波振幅和相位在 2010 年 1 月 14 到 18 日间的拟合结果显示在图 3-6 中(图 3-6 发表在了 Gong et al.,2013,JGR)。

　　在图 3-6 中,灰色曲线表示 24 小时潮汐波在周期 1 中的拟合结果。为了进一步讨论波动的短时扰动,我们把前四天的数据分又为两个部分,分别记作周期 1a 和 1b,其中每个部分的时间长度为大概为 2 天。黑色曲线表示的是这两个部分拟合结果的平均值,曲线上的误差棒是这两个部分拟合结果的标准。以上这种绘图的方式适用于本文所有谐波扰动在周期 1 中的振幅和相位结果。如图 3-6(a)所示,24 小时潮汐波振幅非常显著,尤其是在高于 175 km 的范围内,波幅全都大于 20 m/s。振幅的最大值为 45 m/s,出现在大约245 km 的高度上。图中,灰色曲线和黑色曲线是基本吻合的,而且在波幅峰值处的标准差非常小,这表明了 24 小时潮汐波振幅在周期 1 中非常稳定。24 小时潮汐波相位信息展示在了图 3-6(b)中。180～300 km 的

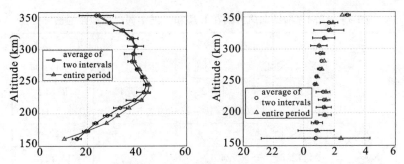

(a) Amplitude of Southward Wind (m/s)　(b) LT of Maximum Southward Wind

图 3-6　F 层 24 小时潮汐波在经向分量的(a)振幅;(b)相位随高度分布的结果。灰色的曲线表示从 2010 年 1 月 14 日到 18 日的约束拟合结果。黑色曲线表示把周期 1 的数据分为两个部分后,对这两个部分拟合结果的平均值

高度范围内,潮汐相位基本不随高度变化,可以用 1:00 LT 来近似。形成这种相位结构的原因可能为,F 层的扩散效应比较强,同时又缺乏热源来激发潮汐波扰动[Forbes, 1982a]。在 180 km 以下,由于 24 小时潮汐波的振幅太小,导致波相位的短时扰动很大。图 3-7 给

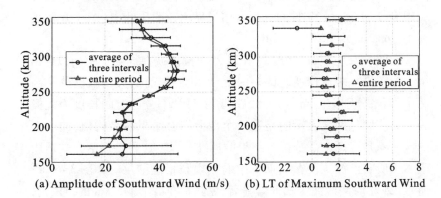

(a) Amplitude of Southward Wind (m/s)　(b) LT of Maximum Southward Wind

图 3-7　F 层 24 小时潮汐波在经向分量的(a)振幅;(b)相位随高度分布的结果。灰色的曲线表示从 2010 年 1 月 18 日到 23 日的约束拟合结果。黑色曲线表示把周期 2 的数据分为三个部分后,对这三个部分拟合结果的平均值

出了 24 小时潮汐波振幅和相位在 2010 年 1 月 18 到 23 日间的拟合结果(图 3-7 发表在了 Gong et al. , 2013 , JGR)。

在图 3-7 中,灰色曲线表示 24 小时潮汐波在周期 2 中振幅和相位的拟合结果。与前 4 天的处理方式类似,为了调查波动的短时扰动,我们把后 5 天的数据分为了三个部分,分别记作周期 2a、2b 和 2c,其中每个部分的时间长度大约为 40 小时。黑色曲线表示的是这三个部分拟合结果的平均值,曲线上的误差棒是通过计算这三个部分拟合结果的标准差而得到。以上这种绘图的方式适用于本文所有谐波扰动在周期 2 中的振幅和相位结果。如图 3-7 所示,24 小时潮汐波振幅和相位的拟合结果与其在周期 1 中的拟合结果非常相似。与在周期 1 中的结果相比,24 小时潮汐振幅的峰值没有变化,不过出现的高度由 245 km 上升到了 280 km。波幅在高于 250 km 的高度上得到了增强。从相位上来比较,24 小时潮汐相位在两个周期中的结果非常一致。从图 3-6 和图 3-7 中,我们可以发现 24 小时潮汐波在连续 9 天的观测时间内是非常稳定的。

以往的观测结果表明 24 小时潮汐波在低于 110 km 的高度范围内是非常强的[e. g. , Mathews , 1976 ; Harpar , 1977]。这个结论在我们的观测结果中得到了再一次的证明(图 3-3)。提醒读者注意的是,24 小时潮汐波在 E 层的拟合结果并不是完全准确的。我们在第 2 章中讨论过,由于非相干散射雷达在 E 层夜间不能测得有效数据,我们在分析 E 层 24 小时潮汐波时,几乎所有 12 小时的数据都是缺失的。缺失的数据会造成谐波拟合的结果被低估或者高估了 2 倍[Zhou et al. , 1997a]。虽然约束拟合方法可以缓解缺失夜间数据带来的影响。但是,Zhou et al. [1997a]的仿真实验结果揭示了,采用约束拟合方法,拟合的结果一般会稍微被低估。图 3-8 给出了 24 小时潮汐波在 E 层经向风中的拟合结果(图 3-8 发表在了 Gong et al. , 2013 , JGR)。

如图 3-8(a,c)所示,在两个周期中,24 小时潮汐波振幅的最大值出现在同一个高度,120 km,速度分别为 65 m/s 和 70 m/s。波幅在高于 120 km 处呈现出了比较大的短期扰动,在周期 2 中尤为明显。在 112 km 以下,波幅随高度的变化在两个周期中明显不同。在

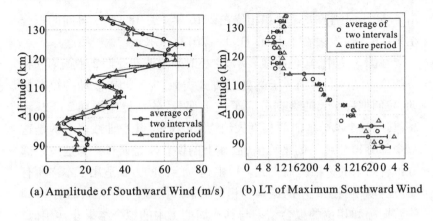

(a) Amplitude of Southward Wind (m/s)　(b) LT of Maximum Southward Wind

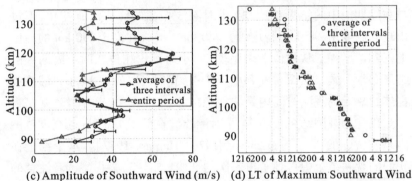

(c) Amplitude of Southward Wind (m/s)　(d) LT of Maximum Southward Wind

图 3-8　24 小时潮汐波在 E 层经向风中的振幅和相位在 2010 年 1 月 14 日到
18 日(a,b);和 2010 年 1 月 18 日到 23 日(c,d)的拟合结果

周期 1 中,波幅呈现出先减小后增大的趋势,在大约 108 km 处达到
峰值36 m/s。在周期 2 中,波幅随高度的变化趋势是先增大后减小,
在大约 100 km 处达到最大值 43 m/s。如图 3-8(c,d)所示,在两个
周期中,24 小时潮汐波相位在两个不同的高度范围内都展现出了不
同的传播方式。在高于 114 km 的高度上,如果忽略掉小的相位扰
动,24 小时潮汐波相位在周期 1 中可以 12:00 LT 来近似。在周期 2
中,波相位是向下传播的,估算出的垂直波长为 63 km。在 90 ~ 114
km 的高度范围内,24 小时潮汐波相位在两个周期中都呈现出了线
性向下传播的过程,垂直波长分别为 24 km 和 20 km。Zhou et al.

［1997a］利用 Arecibo 非相干散射雷达在 1993 年 1 月连续 10 天的观测数据对 E 层 24 小时潮汐波进行了分析。他们计算出的在经向风中的 24 小时潮汐波的垂直波长在高于 110 km 处为 70 km,低于 110 km 处为 22 km。这与我们的观测结果是一致的。图 3-9 给出了 24 小时潮汐波在纬向风中的拟合结果(图 3-9 发表在了 Gong et al.,2013, JGR)。

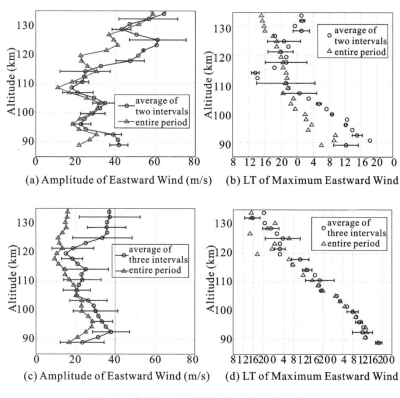

图 3-9　与图 3-8 相同,但表示的是纬向分量

如图 3-9(a)所示,在高于 120 km 的高度上,波幅随高度在周期 1 中的变化(灰线)与其在周期 1a 和 1b 中变化的均值(黑线)有很大的差异。在图 3-9(c)中也可以看到相同的结果。因此,我们不能根据在 120 km 以上的 24 小时潮汐波的结果做出任何结论。在120 km

43

以下,24 小时潮汐波振幅在周期 1 和周期 2 中的峰值高度分别为 103 km 和 96 km。从图 3-9(b)中可以看出,波相位的扰动非常大,我们很难估算出垂直波长。在周期 2 中,24 小时潮汐波相位是线性向下传播的,其垂直波长为 18 km。比较图 3-8 和图 3-9 可以发现,E 层 24 小时潮汐波在经向风中更强,也更加稳定。

3.4　12 小时潮汐波结果与讨论

利用 Arecibo 非相干散射雷达,Harper 在 1977、1979 和 1981 年先后发表了关于 12 小时潮汐波的观测结果。他发现在 F 层高度上,12 小时潮汐波是最强的潮汐分量。然而,上述结论不是永远正确的,通过我们的观测结果可以发现(如图 3-1 和 3-2),24 小时潮汐波在 F 层中占据主导地位。在周期 2 中,12 小时潮汐波还不如 8 小时潮汐波显著。图 3-10 给出了 12 小时潮汐波在周期 1 中的拟合结果(图 3-10 发表在了 Gong et al., 2013, JGR)。

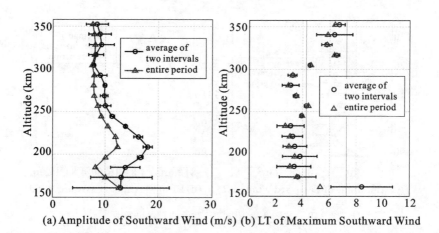

(a) Amplitude of Southward Wind (m/s) (b) LT of Maximum Southward Wind

图 3-10　与图 3-6 相同,但是表示的是 12 小时潮汐波

如图 3-10(a)所示,在高于 235 km 的高度范围内,12 小时潮汐波振幅小于 10 m/s。波幅的峰值高度为 210 km,峰值为 12 m/s。从图 3-10(b)中可以看到,12 小时潮汐波相位在 172 ~ 292 km 的高度

范围内变化非常小,可以认为相位在这个高度范围内是恒定的。这
与 F 层 24 小时潮汐波的相位结构是一致的。12 小时潮汐波在周期
2 中的振幅和相位随高度的变化展示在了图 3-11 中(图 3-11 发表
在了 Gong et al. , 2013, JGR)。

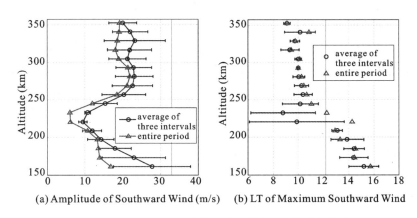

(a) Amplitude of Southward Wind (m/s)　(b) LT of Maximum Southward Wind

图 3-11　与图 3.7 相同,但是表示的是 12 小时潮汐波

　　如图 3-11(a)所示,与 12 小时潮汐波在周期 1 中的结果不同,
12 小时潮汐波振幅在周期 2 中得到了明显的增强。在高于 250 km
的高度上,波幅大于 15 m/s,并在 280 km 处达到了最大值 22 m/s。
由于波幅在 230 km 左右的振幅比较小(小于 6 m/s),12 小时潮汐波
相位在对应高度上的扰动比较大。在高度 150~300 km 的范围内,
12 小时潮汐波的垂直波长为 300 km。比较图 3-10 和 3-11 可以发
现,12 小时潮汐波在两个周期中波幅和相位随高度的变化很不一
致。在高于 250 km 处,12 小时潮汐波幅在周期 2 中比其在周期 1
中大了 1 倍多。并且,波相位在两个周期中的差值大约为 6 小时,这
表明 12 小时潮汐波在两个周期中几乎是反相位的。由此,我们可以
推测出,在周期 2 中,可能有新的 12 小时潮汐波被激发了。Forbes
[1982b]提出了 F 层 12 小时潮汐波的三种产生机制。它们分别为:
①太阳极紫外线辐射;②运动离子和 24 小时潮汐波的动量耦合;
③在低层大气激发的 12 小时潮汐波上传到 F 层中。Hagan et al.
[2001]通过理论研究发现在热层的由局地太阳辐射激发的 24 小时

和 12 小时潮汐波的相位基本上不随高度变化而变化。从图 3 - 11
(b)可以发现,在高于 250 km 高度处,潮汐波相位趋近于 10 LT。如
果在周期 2 中的 12 小时潮汐波是源于低层大气,那么在 230 km 处
就不会出现振幅最小值。所以,我们推测出 12 小时潮汐波在周期 2
中是在 F 层局地激发的。局地激发的机制可能是由于受太阳辐射
或者是受到背景大气的影响。根据功率谱结果(图 3 - 2),40、15 和 6
小时谐波分量仅仅出现在了周期 1 中。很有可能,上述谐波分量在
从周期 1 过渡到周期 2 的过程中发生饱和破碎,把能量投放到了背
景大气中后激发了 12 小时潮汐波。

利用 Arecibo 非相干散射雷达在 1993 年 1 月 20 日到 30 日的数
据,Zhou et al. [1997a]发现 12 小时潮汐波在高度 108 ~ 125 km 的
范围内是最强的潮汐分量。从我们的观测结果中也可以得出相同的
结论。图 3 - 12 给出了 12 小时潮汐波在 E 层经向风中的拟合结果
(图 3 - 12 发表在了 Gong et al.,2013,JGR)。

如图 3 - 12(a)所示,在高于 110 km 的高度上,12 小时潮汐波振幅
大于 20 m/s。波幅的峰值为 62 m/s,出现在 130 km 的高度上。在高
度为 106 ~ 121 km 的范围内,波幅从 10 m/s 线性增大到了 56 m/s。波
幅在 15 km 内增大了 46 m/s。Zhou et al. [1997a]也观测到了同样的
现象。12 小时潮汐波波幅的这种变化非常有利于估算出湍流层顶的
高度。在湍流层顶区域内,涡动黏性力开始迅速减弱,同时,分子黏性
力逐渐增强。12 小时潮汐波波幅的迅速增大表明经向风在 106 ~ 121
km 的高度范围内的耗散非常小。这意味着涡动黏性力在这个高度范
围内已经迅速减小了,但同时,分子黏性力增大得比较缓慢并不足以
抑制波幅的增长。因此,我们大致估算出 Arecibo 冬季湍流层顶高度
为 110 km。图 3 - 12(b)给出了 12 小时潮汐波在周期 1 中的相位随高
度的变化。从图中很容易看出,以 110 km 为分界点,相位以两种不同
的速度移动。在高于 110 km 处,相位向下移动的速度很快,垂直波长
为 68 km。在 110 km 以下,估算出的垂直波长为 12 km。12 小时潮汐
波在周期 2 中波幅随高度变化的结果由图 3 - 12(c)展示出。如图所
示,12 小时潮汐波振幅呈现了两个峰值。一个出现在 106 km 处,速度
为 34 m/s;另一个出现在 120 km 处,速度为 37 m/s。与周期 1 相比,

波幅在周期2中呈现出比较大的短期扰动。波幅在周期2(灰线)和在周期2a、2b和2c中的平均值(黑线)随高度的分布有比较大的差异。如图3-12(d)所示,潮汐波相位随高度的变化很不稳定。因此,很难估算出12小时潮汐波在周期2中的垂直波长。12小时潮汐波在纬向风中的拟合结果展示在了图3-13中(图3-13发表在了Gong et al., 2013, JGR)。

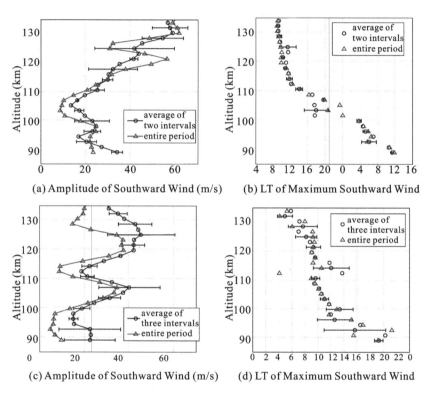

(a) Amplitude of Southward Wind (m/s)

(b) LT of Maximum Southward Wind

(c) Amplitude of Southward Wind (m/s)

(d) LT of Maximum Southward Wind

图3-12　与图3-8相同,但是表示的是12小时潮汐波

　　如图3-13(a)所示,12小时潮汐波在纬向风中波幅随高度的变化趋势与其在经向风中的变化趋势是非常相似的。纬向波幅100～115 km也经历了迅速的增长。波幅从3 m/s增加到了70 m/s。纬向波幅与经向波幅相同的变化方式进一步证实了我们的结论:湍流层顶在冬季Arecibo的高度大约为110 km。由图3-13(b)可以看出,

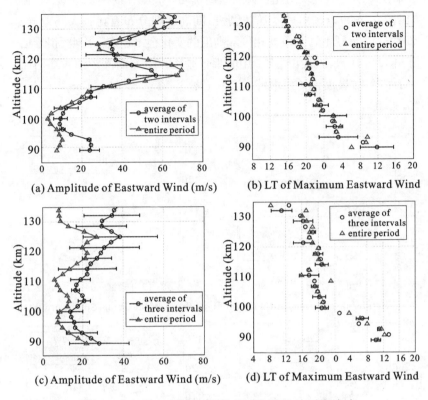

图 3-13　与图 3-9 相同,但是表示的是 12 小时潮汐波

在高于 100 km 的高度处,潮汐相位是线性向下传播的,其垂直波长为 45 km。图3-13(c)给出了 12 小时潮汐波振幅在周期 2 中的变化。与其在周期 1 中的结果相比,波幅在周期 2 中有很大的衰减。在绝大部分高度上,12 小时潮汐波振幅都小于 20 m/s。并且,波幅的短期扰动非常大。根据图 3-13(d)可以大致计算出垂直波长。在高度 114 ~ 130 km 的范围内,垂直波长为 39 km。在 100 km 以下,垂直波长为 15 km。

3.5 行星波简介

行星波是一种全球范围的大气波动。它主要是受到太阳辐射和地球表面的不均匀性在对流层产生。与潮汐波不同,行星波的周期比一个太阳日要大很多。数值模拟和实验观测发现行星波的主要振荡周期集中在准 2 天、5 天、10 天和 16 天。行星波对大气环流以及全球气候变化有很大的影响。它可以在很大程度上影响大气背景温度、中性风场以及臭氧的变化。经过研究发现,行星波在大气的长振动,比如准 2 年振动(QBO);以及平流层突然增温(SSW)等现象中起到主要作用[Hirota,1980;Salby et al. , 1984;Canziani et al. , 1994;Garcia et al. , 2005;Pogoreltsev et al. , 2007]。由于行星波对全球大气的动力学过程有显著的影响,它引起了科学家们的持续关注。在 30 年前,Salby[1981a,b]通过数值分析研究了简单大气背景风场对行星波不同波模的影响。Salby[1984]给出了行星波理论的回顾以及观测结果对行星波理论的证实。大量的通过卫星[e. g.,Canziani et al. , 1994;Garcia et al. , 2005],以及地基雷达[e. g.,Chshyolkova et al. , 2005;Suresh Babu et al. , 2011],且实现的观测研究不断提高着科学家们对行星波的激发机制以及传播特性的理解。

由于受到数据长度的限制,很难利用非相干散射雷达观测到长周期的行星波。根据功率谱密度的结果(图 3-2),我们在 F 层高度上发现了周期为 40 小时的准 2 天行星波的踪迹。在 MLT 区域,准 2 天行星波已经被大量地观测到。这些准 2 天行星波被认为是源于低层大气,由于地表的起伏以及海洋和陆地的受热不均匀性激发的[Salby,1984]。并且,研究者们认为在 MLT 区域的行星波是向西方传播的,它们的纬向波数为 3 或者 4[Suresh Babu et al. , 2011]。对于早期准 2 天行星波的研究回顾请参考[Suresh Babu et al. , 2011]。由于非相干散射雷达连续观测的时间有限,一般很少用于研究行星波。就我们所知,只有两篇文献[Zhou et al. , 1997a;Haldoupis et al. , 2004]利用 Arecibo 非相干散射雷达研究了准 2 天行星波。并且,这两篇文献对准 2 天行星波的研究还局限于 E 层高度范围内。因此,本文第一次报道了 Arecibo F 层准 2 天行星波的观测结果。

3.6 准 2 天行星波的振幅和垂直结构

F 层准 2 天行星波在经向风中振幅和相位随高度的变化显示在了图 3-14 中。

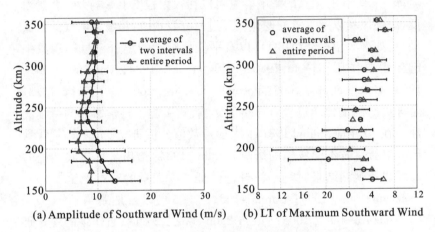

(a) Amplitude of Southward Wind (m/s)   (b) LT of Maximum Southward Wind

图 3-14 与图 3-6 相同,但是表示的是准 2 天行星波

如图 3-14(a)所示,准 2 天行星波的振幅随高度的变化不大。虽然波动的振幅并不强,波幅的最大值仅为 10 m/s,在 250 km 以上,准 2 天行星波的振幅强于 12 小时潮汐波。图 3-14(b)给出了行星波相位随高度的分布。在 230 km 以下,行星波相位扰动很大。在 230 km 以上,行星波相位随高度的增加而增加,这表明行星波相位是向上传播的。由于波相位传播方向和波能量的传播方向是相反的,因此,我们观测到的准 2 天行星波是向下传播的。通常研究者们认为行星波起源于低层大气,并向上传播。但是,我们观测到的准 2 天行星波出现在了 F 层并向下传播。这意味着观测到的行星波的波源在更高的高度上。在 230～305 km 的高度范围内,估算出的准 2 天行星波的垂直波长为 640 km。

50

3.7 小结

利用 Arecibo 双波束非相干散射雷达在 2010 年 1 月 14 日到 23 日的观测数据,我们分析了在 E 层和 F 层的低频潮汐波,以及在 F 层的准 2 天行星波。在通过 Lomb-Scargle 谱分析方法找到中性风场的主要频率分量后,我们利用约束拟和方法从风场中提取出了 24 小时、12 小时和 40 小时谐波分量的振幅和相位随高度变化的分布。通过分析拟合结果,我们发现:

1. 与以往在 Arecibo 的观测结果不同,24 小时潮汐波在 F 层经向风中占据统治地位。24 小时潮汐波的波幅在两个周期内都非常稳定,短期扰动比较小。潮汐波相位在 F 层高度上基本上不随高度变化。并且,潮汐波相位在两个周期中的数值几乎是相同的。由潮汐波相位随高度的变化,我们推测出,F 层 24 小时潮汐是受太阳辐射在局地激发的。在 E 层中,经向风中的 24 小时潮汐波非常显著。波幅在两个周期中的最大值出现在相同的高度上。在周期 2 中,波幅的峰值达到了 70 m/s,在高度 114 ~ 135 km 的范围内,垂直波长为 63 km。在 114 km 以下,24 小时潮汐波相位在周期 1 和周期 2 中都是线性向下传播,垂直波长分别为 24 km 和 20 km。然而,在纬向风中,24 小时潮汐波远不如其在经向风中显著。尤其在周期 2 中,波幅的最大值仅为 28 m/s,并且短期扰动非常大。

2. F 层经向风中的 12 小时潮汐波的波幅和相位在两个不同周期中呈现出了截然不同的高度分布。在高度 250 ~ 310 km 的范围内,12 小时潮汐波在周期 2 中的波幅比其在周期 1 中增大了 1 倍多。并且,12 小时潮汐波在两个周期中有 6 小时的相位差。12 小时潮汐波能量在周期 2 中得到加强可能是通过在局地吸收太阳辐射能或者是吸收了因为 6 小时、15 小时和 40 小时谐波分量破碎后注入到背景中的能量。在 E 层中,中性风场两个分量中的 12 小时潮汐波在周期 1 中都非常显著。经向波幅在 106 ~ 120 km 的高度范围内呈现持续增长,波幅在 15 km 的高度内增长了 46m/s。纬向波幅在 100 ~ 115 km 的高度范围内也显现出了相同的增长规律,波幅在 15 km 的高度内增大了 67 m/s。从波幅在两个风场分量随高度的变化方式可以推测出冬季 Arecibo 的湍流层顶高度大约为 110 km。在高于 110 km 的高度上,经向风中的 12 小时潮汐波的垂直波长为 68 km。在低于 110 km 处,垂直波长为 12 km。纬向风中的 12 小时潮汐波的垂直波长在高于 100 km 处为 45 km。在周期 2 中,两个中性风分量中的 12 小时潮汐波都有不同程度的衰减。其中,纬向风中的 12 小时潮汐波衰减得尤为严重。由于相位随高度变化的结果有很大的不确定性,我们很难估计出 12 小时潮汐波在周期 2 中的垂直波长。

3. 我们第一次报道了准 2 天行星波(周期为 40 小时)在 F 层的观测结果。由于 F 层 24 小时潮汐波在周期 1 中占据了大部分经向风的能量,准 2 天行星波的波幅在所观测的高度范围内小于 10 m/s。在高度 230～305 km 的范围内,行星波相位向下移动。这意味着我们所观测到的准 2 天行星波的波源在更高的高度上,而不是源于低层大气。准 2 天行星波在这个高度范围内的垂直波长为 640 km。

第4章 高频潮汐波的观测研究

4.1 8小时潮汐波简介

过去几十年,大气潮汐波的理论研究和实验观测数据分析主要集中于研究大气潮汐波的低频分量。近些年,8小时潮汐波越来越多地被观测到,并引起了科学家们的广泛关注[e. g. , Du and Ward, 2010; and references therein]。在 MLT 区域内,科学家们利用 VHF雷达和 MF 雷达对 8 小时潮汐波进行了大量的观测研究。部分观测结果在 Venkateswara Rao et al. [2011]这篇文献中有所总结。Smith [2000] 和 Forbes et al. [2008]利用卫星的数据研究了迁移和非迁移 8 小时潮汐波的全球扰动。雷达和卫星的观测结果表明,在 MLT区域内的 8 小时潮汐波振幅与低频潮汐波的振幅是有可比性的[e. g. , Zhao et al. , 2005]。8 小时潮汐波展现出了非常强的纬度和季节的变化。在赤道上,8 小时潮汐波波幅的最大值出现在晚春以及初夏;在低纬度区域,出现在春季;在中纬度区域,出现在冬季;在高纬度区域,出现在秋分左右[Venkateswara Rao et al. , 2011]。通过理论和观测研究,8 小时潮汐波的产生机制可以主要归纳为以下三种:①太阳辐射;②24 小时潮汐波和 12 小时潮汐波的非线性相互作用;③24 小时潮汐波与重力波的非线性相互作用[e. g. , Teitelbaumn et al. , 1989; Miyahara and Forbes, 1991;Smith and Ortland, 2001; Huang et al. , 2007]。

我们在 3.1 节中提到过,受到观测设备的探测范围的限制,对于潮汐波的研究主要集中在 MLT 区域。在高于 116 km 的高度上,非相干散射雷达可能是研究大气潮汐波的唯一选择。虽然,利用非相干散射雷达观测数据研究潮汐波的文献已经被大量报道过。但是，其中的绝大部分文献都致力于研究低频潮汐波，仅仅只有三篇文章 [Amayenc, 1974; Hocke, 1996; Zhou et al., 1997a]关注了潮汐波的 8 小时分量。在这三篇文献中，Amayenc 和 Hocke 的文章研究的分别是中纬度和高纬度区域的潮汐。虽然 Zhou et al. 同样利用了 Arecibo 非相干散射雷达的观测数据，但是他仅仅关注了高度在 145 km 以下的 8 小时潮汐波。在本章中，我们利用 Arecibo 双波束非相干散射雷达分析了在高度范围 90 ~ 350 km 内的 8 小时潮汐波。

4.2　8 小时潮汐波结果与讨论

　　图 4-1 给出了 8 小时潮汐波在经向风中的振幅和相位随高度变化的拟合结果(图 4.1 发表在了 Gong and Zhou, 2011, GRL)。

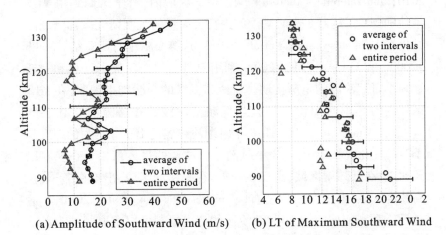

(a) Amplitude of Southward Wind (m/s)　　(b) LT of Maximum Southward Wind

图 4-1　与图 3-6 相同,但表示的是 E 层 8 小时潮汐波

　　从图 4-1(a)中可以看到,在 120 km 以上,8 小时潮汐波振幅随高度持续增加,波幅的峰值为 40 m/s,峰值高度为 135 km。在高度 121 ~ 135 km 的范围内,8 小时潮汐波的相位是线性向下传播的,垂直波长为 74 km。在 108 ~ 118 km 的高度范围内,波相位是向上传播的。8 小时潮汐波的相位在这两段高度范围内不同的垂直结构似

乎意味着在 120 km 左右,有一个 8 小时潮汐波源或者存在某种机制
使 8 小时潮汐波的传播方式发生了根本改变。在 100 km 以下,8 小
时潮汐波的相位有很大的扰动,并且波幅也比较小。8 小时潮汐波
在纬向风中的拟合结果展示在了图 4-2 中(图 4-2 发表在了 Gong
and Zhou, 2011, GRL)。

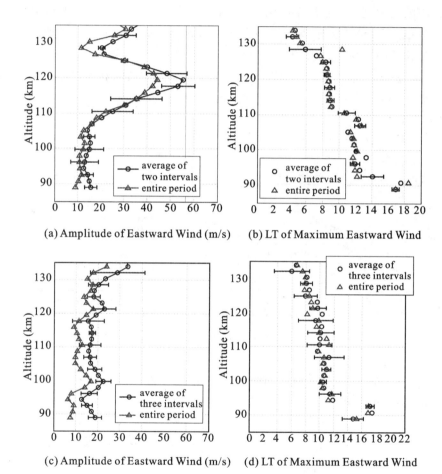

(a) Amplitude of Eastward Wind (m/s)   (b) LT of Maximum Eastward Wind

(c) Amplitude of Eastward Wind (m/s)   (d) LT of Maximum Eastward Wind

图 4-2   与图 3-9 相同,但表示的是 8 小时潮汐波

如图 4-2(a) 所示,在周期 1 中,8 小时潮汐波振幅在高度 110 ~
128 km 范围内非常显著。波幅的最大值出现在 120 km 左右处,峰

值达到了 44 m/s。在这个高度范围内,潮汐波的相位非常稳定,垂直波长为 100 km。在高度 92～105 km 的范围内,潮汐波的相位展现出了与其在 110～128 km 范围内相似的垂直结构,估算出的垂直波长为 128 km。比较图 4-2(a)和(c)可以发现,8 小时潮汐波振幅在周期 2 中受到了很大程度上的衰减。E 层纬向风中的 12 小时潮汐波也展现出了在两个周期中相同的变化方式。8 小时潮汐波振幅只在 135 km 处大于 20 m/s。在 95～135 km 的范围内,8 小时潮汐波相位向下移动,垂直波长为 81 km。

　　图 4-3 给出了 8 小时潮汐波在 F 层经向风中波幅和相位随高度变化的拟合结果(图 4-3 发表在了 Gong and Zhou,2011,GRL)。

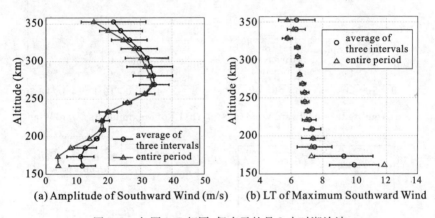

(a) Amplitude of Southward Wind (m/s)　　(b) LT of Maximum Southward Wind

图 4-3　与图 3-7 相同,但表示的是 8 小时潮汐波

　　8 小时潮汐波振幅在 200～350 km 的高度范围内是非常显著的,波幅的最小值为 15 m/s。波幅的最大值出现在 268 km 处,峰值为 34 m/s。在高度从 200～320 km 的高度范围内,8 小时潮汐波相位非常稳定,并呈现出了线性向下的传播方式。在这个高度范围内的垂直波长为 950 km。

　　根据我们的文献调研,在低纬度 F 层的 8 小时潮汐波还从来没有被报道过。在本节中,我们对所观测到的 F 层 8 小时潮汐波的产生机制做具体讨论。在 4.1 节中介绍过,8 小时潮汐波的激发机制主要有三种:1. 太阳辐射;2. 24 小时和 12 小时潮汐波的非线性相互作用;3. 24 小时潮汐波和重力波的非线性相互作用。我们所观测到的 8 小时潮汐波可能是由其中某一种机制产生,也有可能是受到几种机制的共同作用而激发。因此,我们需要分别讨论这三种机制在我们所观测到的 8 小时潮汐波中起到的作用。一般认为,第三种机制所产生出的 8 小时潮汐波的波幅比较小。在 MLT 区域,通过第三种机制所产生的 8 小时潮汐波的波幅最大值仅为 5 m/s[Miyahara and Forbes, 1991]。而我们观测到的 8 小时潮汐波的波幅在 200 km 以上的最小值都达到了 15 m/s。因此,第三种机制并不是产生观测到的 8 小时潮汐波的主要原因。为了检测第二种机制所扮演的角色,我们需要同时比较所观测到的 8 小时、12 小时和 24 小时潮汐波。如果第二种机制起到了主要作用,那么,所观测到的 8 小时潮汐波就应该与 12 小时潮汐波或者 24 小时潮汐波有很强的相关性。然而,仅仅通过三个潮汐波振幅的相关性来判断第二种机制的重要性是不准确的。因为,如果 8 小时潮汐波是由第一种机制激发,那么太阳辐射也会同时产生出 24 和 12 小时潮汐波。它们之间波幅的相关性同样是很强的[Venkateswara Rao et al.,2011]。为了准确地判断第二种机制所起到的作用,我们需要同时分析以及比较这三个潮汐波振幅和相位随时间的变化。

　　图 4-4 给出了 8 小时、12 小时和 24 小时潮汐波在 268 km 处振幅和相位随时间的变化(图 4-4 发表在了 Gong and Zhou, 2011, GRL)。

　　图 4-4 中的每一个数据点是通过对 24 小时的观测数据拟合得到。从图中可以看出,8 小时潮汐波在观测的前 4 天(图 4-4 中前 84 小时),波幅比较小,相位随时间变动的幅度比较大。这说明在前 4 天,存在很弱的或者不存在 8 小时潮汐波。在观测的后 5 天(图 4-4 中第 84 小时以后),8 小时潮汐波的振幅逐渐增强,直到 120 小时左右达到峰值,42 m/s。并且,在绝大部分时间内,波幅都大于 30 m/s。8 小时潮汐波的相位在这个时间范围内非常稳定。比较 8 小时、12 小时和 24 小时潮汐波振幅在后 5 天随时间的分布,我们并没有发现潮汐波三个分量的波幅有非常好的相关性。

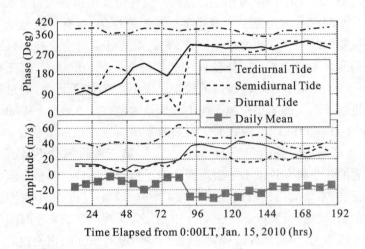

图 4-4　8 小时、12 小时和 24 小时潮汐波在 268 km 处振幅和相位随时间的变化。8 小时、12 小时和 24 小时潮汐波分别由实线、虚线和点画线表示。带有正方体符号的实线表示在高度 185~233 km 范围内平均的经向背景风场。相位为 0 度表示经向风的最大值发生在 0:00 LT

　　为了进一步评估第二种机制的重要性,我们比较了潮汐波三个分量的垂直波长。24 小时潮汐波在 F 层是趋于静止的,而 12 小时和 8 小时潮汐波在 F 层观测后 5 天中的垂直波长分别为 300 km 和 950 km。要使非线性相互作用成立,潮汐波三个分量的垂直波长需满足如下关系 [Thayaparan, 1997]:

$$\frac{1}{\lambda_{24}} + \frac{1}{\lambda_{12}} = \frac{1}{\lambda_8} \tag{4.1}$$

其中, λ_{24} , λ_{12} 和 λ_8 分别表示 24、12 和 8 小时潮汐波的垂直波长。然而,通过观测结果计算得到的潮汐波三个分量的垂直波长并不满足上述方程。假如 24 小时和 12 小时潮汐波非线性相互作用是产生 8 小时潮汐波的主要原因,那么,除了 8 小时潮汐波外,非线性相互作用的结果还会产生一个次级的 24 小时潮汐波。如图 4-4 所示,8 小时潮汐波在前 4 天内非常弱,我们可以认为非线性相互作用在这个时间段内非常弱。因此,在前 4 天内,24 小时潮汐波是主级 24 小时潮汐波。在后 5 天中,8 小时潮汐波非常强。如果这种增强主要是因为 24 小时和 12 小时潮汐波的非线性相互作用,那么一个次级的 24 小时潮汐波也会随之产生。因此,在后 5 天所观测到的 24 小时潮汐波就会是一个主级和一个次级 24 小时潮汐波叠加之和。在这种情况下,观测到的 24 小时潮汐波的振幅和相位在前 4 天和后 5 天随时间的变化应该明显不同。然而,由图 4-4 我们可以发现,24 小时潮汐波的振幅和相位在整个观测时间内都是非常稳定的。通过比较潮汐波三个分量的振幅、垂直波长以及相位,我们发现 24 小时和 12 小时潮汐波的非线性相互作用不是激发观测到的 8 小时潮汐波的主要机制。

排除了机制 2 和机制 3 是产生观测到的 8 小时潮汐波的主要原因后,我们还需要讨论观测到的 8 小时潮汐波是在局地由机制 1 产生的,或是从低层大气上传到 F 层中的。Hagan et al. [2001]通过理论研究发现在热层中受到太阳辐射而在局地激发的 24 小时和 12 小时潮汐波的相位几乎不随高度变化。虽然,Hagan et al. [2001]并没有给出任何关于 8 小时潮汐波的结论。但是,如果 8 小时潮汐波是受到太阳辐射而在局地激发,那么它理应和 24 小时和 12 小时潮汐波有相似的相位结构。因为 8 小时潮汐波是太阳辐射产生的第 3 级谐波分量。从图 4-4(b)中可以看出,在高度 200 ~ 300 km 的范围内,波相位改变了 1 小时。但是波相位仅仅 1 小时的相位变化,8 小时潮汐波在垂直方向上传播了 100 km 有余。所以,我们并不能根据这个观测结果对 8 小时潮汐波的产生方式给出明确的结论。

在图 4-4 中,我们可以看到 8 小时潮汐波随时间的扰动比较大。在 MLT 区域内,研究者们发现潮汐波的振幅和背景风场的相关性是比较高的[e. g. , Deepa et al. , 2008;and references therein]。Deepa et al. [2008]通过观测发现在 MLT 区域内的 24 小时潮汐波的波幅在很大程度上受到低层大气背景风场的影响。从我们的观测结果中,可以发现 8 小时潮汐波的波幅与低层大气平均经向背景风有很强的相关性。在图 4-4 中,带有正方体符号的实线表示经向背景风场在高度 185 ~ 233 km 范围内的平均值。从图中可以看出,8 小时潮汐波的波幅与经向背景风是非常相关的。这种相关性表明低层大气对 F 层 8 小时潮汐波有显著影响。这可能暗示着 F 层的 8 小时潮汐波有很强的传播分量。由于潮汐波是在纬向方向上传播,纬向背景风场直接影响着潮汐波的传播。如果说 8 小时潮汐波随时间的扰动是因为纬向背景风引起的,那么纬向背景风和经向背景风在我们的观测时间内是耦合的。

4.3　8 小时潮汐波小结

在 E 层中,经向风中的 8 小时潮汐波振幅的峰值高度为 135 km,峰值为 40 m/s。8 小时潮汐波在高度为 120 km 以上和 120 km 以下有着不同的传播方式。在纬向分量中,8 小时潮汐波在周期 1 中非常显著,波幅在 120 km 处达到了峰值 44 m/s。8 小时潮汐波的相位垂直结构在高度 92 ~ 105 km 以及 110 ~ 128 km 的范围内是非常相似的。在这两段高度范围内的垂直波长分别为 100 km 和 128 km。8 小时潮汐波的波幅在周期 2 中受到了明显的抑制。

本文第一次报道了低纬 F 层中的 8 小时潮汐波的观测结果,主要的观测结论有:

第一,8 小时潮汐波的波幅随时间的扰动比较大。在波幅比较大的情况下,潮汐波的相位是比较稳定的。8 小时潮汐波振幅的周日平均值可以在几天内从忽略不计增加到超过 40 m/s。8 小时潮汐波的波幅与低层大气的平均经向背景风有很强的相关性。

第二,8 小时潮汐波的波幅在观测时间内小于 24 小时潮汐波的波幅,但是在绝大部分观测时间内大于 12 小时潮汐波的波幅。

第三,8 小时潮汐波的波幅随高度变化的最大值出现在 270 km 处,峰值为 34 m/s。波相位在高度 180 ~ 320 km 范围内的垂直波长为 950 km。

第四,24 小时和 12 小时潮汐波或者 24 小时潮汐波和重力波之间的非线性相互作用都不是观测到的 F 层 8 小时潮汐波的主要激发机制。

通过对观测结果的分析我们发现,在 E 层和 F 层的 8 小时潮汐波与 12 小时和 24 小时潮汐波是同等重要的。

4.4 6 小时潮汐波的结果与讨论

与低频潮汐波不同,6 小时潮汐波由于其不容易被激发以及激发后的不稳定性,其踪迹很难被探测设备捕捉到。少量的利用雷达 [Kovalam and Vincent, 2003; Smith et al., 2004],激光雷达[She et al., 2002],以及气辉技术[Sivjee and Walterscheid, 1994; Walterscheid and Sivjee, 1996, 2001]的观测研究报道了 6 小时潮汐波。She et al. [2002]在分析了北美中纬度地区两个站点的激光雷达的数据后得出 6 小时的潮汐波主要来自于非迁移潮汐波分量,并且波幅和相位呈现出了很强的周日变化。Smith et al. [2004]利用在高纬度(68°N)甚高频雷达的观测数据以及数值模拟的数据发现在高纬度区域内,6 小时潮汐波主要是受到太阳辐射而激发,而在低纬度区域内,6 小时潮汐波的振幅非常小。Smith et al. [2004]对低纬度的 6 小时潮汐波的研究集中在 100 km 的高度上。在低纬度 E 层高度上,Tong et al. [1988]和 Morton et al. [1993]利用 Arecibo 非相干散射雷达发现了类似 6 小时潮汐波的振动。Zhou et al. [1997a]利用了 Arecibo 非相干散射雷达在一月份连续 2 天的观测数据中,在高度 94 ~ 143 km 的范围内发现了周期为 6 小时的振动。但是,Tong et al. [1988],Morton et al. [1993]和 Zhou et al. [1997a]都没有给出明确的证据证实他们观测到的 6 小时振动是潮汐波。我们利用 Arecibo 非相干散射雷达第一次观测到了 F 层的 6 小时振动。并且,从观测到的 6 小时振动的垂直结构和相位随时间的稳定性可以判断出,我们观测到的 6 小时振动是潮汐波。图 4-5 给出了在经向风中的 6 小时波动的波幅和相位随高度变化的结果(图 4-5 发表在了 Gong et al., 2013, JGR)。

如图 4-5(a)所示,波幅随高度的变化呈现出了双峰结果。波幅分别在 200 km 和 290 km 处达到了最大值 11 m/s。在 180 ~ 280 km 的高度范围内,波幅的扰动非常小。图 4-5(b)给出了波相位随高度的变化。从图中可以看出,波相位展现出了两种不同的传播方式。在高度 245 ~ 320 km 的范围内,波相位几乎没有随高度变化。在

245 km 以下,波相位是线性向下移动的,在相应高度范围内的垂直
波长为 126 km。从波相位结果可以推测出,观测到的 6 小时波动可
能是由低层大气向上传输的。

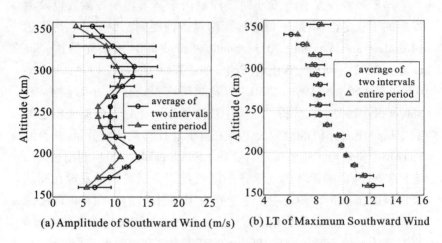

(a) Amplitude of Southward Wind (m/s)　　(b) LT of Maximum Southward Wind

图 4-5　与图 3-6 相同,但表示的是 6 小时波动

　　然而,观测到的 6 小时波动并不一定就是潮汐波动。它可能是
重力波,也可能同时含有重力波和潮汐波两个分量。潮汐波和重力
波最大的区别在于以下两点:1. 它们相位的垂直结构。潮汐波的相
位结构非常清晰,而重力波的相位却大多是不规则的。2. 潮汐波是
全球尺度的波动,而重力波是局地的效应。由于我们的数据来源于
单一站点,我们不能对第 2 点进行验证。我们将根据第 1 点对观测
到的 6 小时波动进行以下讨论。由图 4-5(b)可以看出,波相位在周
期 1a 和 1b 中的平均值和在整个周期 1 中的结果是非常一致的。这
说明了 6 小时波动在整个周期 1 中都是比较稳定的。这种相位结构
更符合潮汐波的相位特征。为了检测 6 小时波动的相位随时间变
化,我们在图 4-6 中给出了 6 小时潮汐波在 196 km 处波幅和相位随
时间的变化。

　　与图 4-3 相似,图 4-6 中每一个数据点都是对 24 小时的观测数
据拟合得到的。从图 4-6 中可以看出,当 6 小时波动的振幅不发生
很大变化时,波相位随时间的变化是非常一致的。波相位在三个时

间段内,36 ~ 54 小时、60 ~ 78 小时以及 84 ~ 90 小时,变化都不大。从图 4-5 和 4-6 可以推测出,我们观测到的 6 小时波动是潮汐分量。

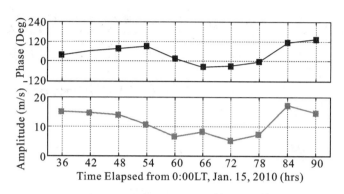

图 4-6　在 196 km 处 6 小时波动的相位和振幅随时间的变化。相位为 0 度表示经向风的最大值发生在 0:00 LT

4.5　6 小时潮汐波小结

利用 Arecibo 非相干散射雷达,我们第一次在 F 层的高度上观测到了 6 小时潮汐波。我们观测到的 6 小时潮汐波的波幅并不强,最大值为 11 m/s。波幅随高度的变化呈现出了双峰结果。在高度范围 250 km 以上,6 小时潮汐波的相位几乎不随高度变化,在 250 km 以下,波相位线性向下移动,垂直波长为 126 km。

第5章　Arecibo 电离层午夜塌陷以及其与中性风、电场和双极扩散之间的关系

5.1　引言

　　发生在 Arecibo 上空的电离层午夜塌陷是非常著名的电离层扰动现象。它具体是指在午夜前后 F 层峰值高度（HmF2）迅速下降，与此同时，在大多数情况下，F 层峰值密度（NmF2）也会随之减小。Nelson and Cogger［1971］报道了利用 Arecibo 非相干散射雷达从 1965 年 10 月到 1969 年 6 月间 130 个夜晚的观测数据得到的统计结果。统计结果表明有 85% 的夜晚，HmF2 在午夜前后开始下降，高度降低的幅度为 50 ~ 100 km。午夜塌陷现象自从被科学家们发现后就受到了广泛的关注。研究者们利用非相干散射雷达［Behnke and Harper，1973；Harper，1979；Macpherson et al.，1998；Seker et al.，2009］，气辉技术［Nelson and Cogger，1971；Vlasov et al.，2005］以及理论模型［Crary and Forbes，1986］对电离层午夜塌陷现象进行了大量的研究。Behnke and Harper［1973］，Macpherson et al.［1998］和 Vlasov et al.［2005］通过研究发现他们所观测到的午夜塌陷是由于方向指向赤道的中性风先减弱然后反向，进而使离子迅速向下运动而造成的。Colerico et al.［1996］和 Seker et al.［2009］发现造成中性风在午夜前后反向的原因是午夜 F 层温度增加后引起的压力膨胀。Crary and Forbes［1986］利用数值模拟，以及 Harper［1979］利用 Arecibo 非相干散射雷达两天的观测数据都把中性风在午夜前后发生反向归因于向上传播的 12 小时潮汐波引起的剪切效应。上述所有的研究者们一致认为中性风的变化是引起 Arecibo 电

64

离层午夜塌陷的主要原因。

在中纬度地区,夜间 F 层的动力学过程主要是受到经向风的控制［Vasseur, 1972］。在赤道区域内,电场对夜间 F 层的动力学过程起到了主要作用［Woodman, 1970］。然而,Arecibo 观测站的地理位置比较特殊。在地磁坐标系中,它处于北纬 30°,在地理坐标系中,它处于北纬 18.3°。因此,我们可以猜测到 Arecibo 上空 F 层的动力学过程是同时受到中性风和电场的作用的。在本章中,我们利用 Arecibo 双波束非相干散射雷达的数据研究了夜间 F 层峰值高度和峰值密度与由中性风、电场和双极扩散效应所引起的离子垂直运动的关系。

在 5.2 节中,我们会展示出从 2010 年 1 月 14 日到 23 日内观测到的电离层的电子浓度以及由不同机制引发的离子垂直速度。从连续 9 个晚上的观测结果中我们发现,电离层的电子浓度随时间和高度的变化方式在前 4 个晚上(1 月 14 ~ 17 日)和后 5 个晚上(1 月 18 ~ 23 日)中有明显的不同。我们在 5.3 节中给出了造成 Arecibo 电离层午夜塌陷的潜在原因。并且,我们进一步讨论了在经向风中的潮汐波分量对于午夜塌陷的影响。在 5.4 节中,我们对本章内容进行了总结。

5.2 数据展示

5.2.1 Arecibo 电子浓度分布

图 5-1 给出了 Arecibo 上空电子浓度在 2010 年 1 月 14 日到 23 日间随时间和高度的分布(图 5-1 发表在了 Gong et al. , 2012, JGR)。

在白天,由于离子大多是向下运动的,HmF2 比较低,这也是 Arecibo 冬季电离层的特性［Zhou and Sulzer, 1997；Isham et al. , 2000］。在本章中,我们主要关注电离层电子浓度在夜间的变化。在所有 9 个晚上中,我们都可以发现在午夜左右,HmF2 有很大程度的下降。这就是典型的 Arecibo 电离层午夜塌陷现象。

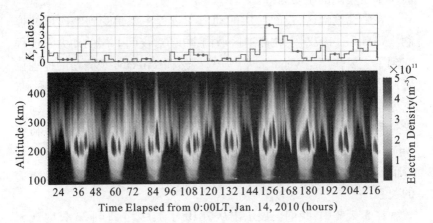

图 5-1　（上）K_p 指数随时间的变化图；（下）Arecibo 电子浓度在 2010 年 1 月 14 日到 23 日间随时间和高度的分布

　　虽然 HmF2 在所有的晚上都下降了，但是在后 5 个晚上（图 5-1 中 108 小时以后），降低的幅度和速度明显大于前 4 个晚上。为了方便描述，我们把从 1 月 14 日开始的连续 4 个晚上称为前 4 晚或者区间 1，把从 1 月 18 日开始的连续 5 个晚上称为后 5 晚或者区间 2。为了更加清楚地表明电子浓度分布在两个区间中的区别，我们分别在图 5-2(a) 和 (b) 中给出了等离子体频率在两个区间中的周日平均值（图 5-2 发表在了 Gong et al., 2012, JGR）。等离子体频率可以由方程 (1.25) 通过电子浓度换算得到。

　　比较图 5-2(a) 和 (b) 我们可以看出，电离层在第 2 个区间下降的明显比在第 1 个区间快。另外一个区别是午夜后的电子浓度在第 2 个区间中有很大程度的减少。而在第 1 个区间中，电子浓度的降低远不如其在第 2 个区间中那么明显。本章的目的之一是调查造成电子浓度在这两个区间中变化明显不同的原因。在接下来的两个小节中，我们会重点讨论电子浓度以及离子垂直速度在区间 1 和 2 中的周日平均结果。虽然这些参数在每个区间中的不同晚上的变化都不尽相同，但是通过比较平均结果可以更加清晰地归纳出引起午夜塌陷的动力学过程。

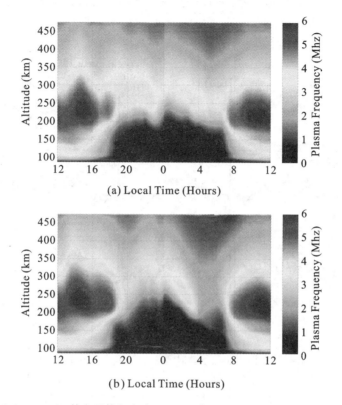

图 5-2　Arecibo 等离子体频率在(a)2010 年 1 月 14 日到 18 日;(b)2010
年 1 月 18 日到 23 日间随时间和高度分布的周日平均值

5.2.2　HmF2,NmF2 和 V_z

　　由于电离效应非常弱以及化学复合效应相对缓慢,夜间 F 层电
子密度的垂直分布主要是受到垂直传输机制的控制。因此,我们可
以预计到 HmF2 的变化趋势与离子在垂直方向上的速度是非常相关
的。图 5-3 给出了夜间 HmF2、NmF2 和离子的垂直速度(向上为正,
记作 V_z)在 2010 年 1 月随时间的分布(图 5-3 发表在了 Gong et al.,
2012,JGR)。在图 5-3 中,离子的垂直速度是在高度为 268 km 处的
结果。选取这个高度的原因是 268 km 约等于夜间 HmF2 的平均值。

从图5-3中我们可以看出,HmF2 的变化趋势与离子垂直速度的变化趋势是非常相关的。

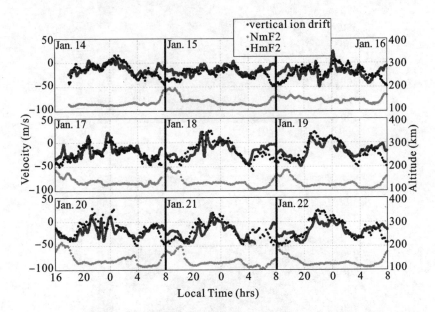

图5-3　由 Arecibo 双波束非相干散射雷达在 2010 年 1 月 14 日到 23 日间得到的离子在 268 km 处的垂直速度(深灰点),HmF2(黑点),以及 NmF2(浅灰点)。为了更清楚地展示夜间的变化,我们只给出了垂直速度和 HmF2 在当地时间晚上 8 点到第二天早上 8 点的变化。图中的黑线用来区分不同的晚上。对于 NmF2,其数值刻度由右边的 Y 轴刻度值给出,100～200 的刻度值对应的是 0 到 5×10^{11},单位为 m^{-3}

　　在图5-4 中,我们给出了 HmF2,NmF2 和 V_z 在两个区间中的周日平均值(图5-4 发表在了 Gong et al. , 2012, JGR)。展示在图5-4(c)中的离子垂直速度是选取在 HmF2 高度上的数值。从图5-4(a)中我们看到,HmF2 在午夜前就可以发生迅速下降,但是下降的幅度小于 50 km。在两个区间中,HmF2 大幅度而且急剧的下降都发生在从午夜到凌晨 4 点的时间段中。在本章的研究中,我们只关注发生在这一时间段的电离层塌陷。比较 HmF2 在两个区间中的结果可以发现,HmF2 在区间 2 中下降的程度和速度明显大于其在第 1 个区

间。在区间 2 中, HmF2 从午夜到凌晨 4 点内下降的速度为 30 km/h

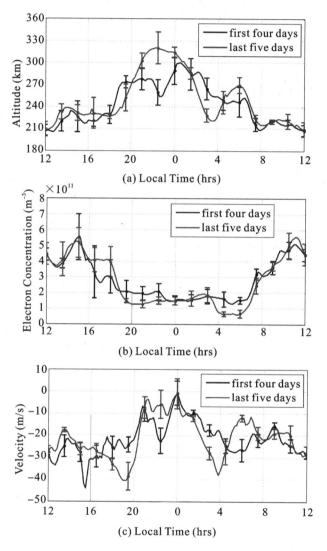

图 5-4   HmF2(a), NmF2(b) 和 V_zF2(c) 在 1 月 14 日到 18 日(灰线) 和 1
        月 18 日到 23 日(黑线) 的周日平均值。离子垂直速度是在
        HmF2 高度上的数值。图中的误差棒表示的是周日平均值的标
        准差

69

（8.3m/s），下沉到的高度为 215 km。与比较低的 HmF2 对应的是电子浓度值非常低的 NmF2。虽然在两个区间中，HmF2 从早上 7 点开始就展现出了快速的下降，但这是由于太阳辐射的效应。因此，发生在这一时间段的塌陷也不在本章讨论的范围内。

虽然区间 1 和 2 中的 HmF2 在我们关注的时间段内随时间的变化明显不同，但是我们从图 5-4（c）中却没有发现两个区间中的离子垂直速度在午夜塌陷发生的时间段内有着明显的区别。离子垂直速度在两个区间中的主要区别发生在午夜前。在区间 2 中，离子垂直速度在晚上 9 点到午夜间的数值远远小于其在区间 1 中的数值。这说明在区间 2 中，电离层并没有受到动力学的作用而大幅度地向下移动。离子垂直速度这种变化规律与 HmF2 的变化方式是非常一致的。我们在 5.2.3 小节中会讨论到，HmF2 在午夜塌陷前的高度是决定塌陷程度的重要因素。

5.2.3　离子垂直运动的三个分量

从 5.2.2 小节的讨论中我们知道，在午夜前后向下运动的离子速度逐渐增大，这与电离层的初始塌陷是同步的。离子的垂直速度由垂直于（V_{pn}）和平行于（V_{ap}）地磁场方向的分量组成。V_{pn} 通过电离层中的 $\boldsymbol{E} \times \boldsymbol{B}$ 机制受到东向电场的控制。因此，由电场引发的离子垂直速度可以表示为 $V_{pn} \times \cos I$，记作 V_{z_pn}。在 Arecibo，磁倾角 I 的数值大约为 $45°$，V_{z_pn} 的数值大约为 $0.7V_{pn}$。平行于地磁场的分量受到经向风和双极扩散的作用。由经向风引发的离子垂直速度为 $U_s \times \sin(2I)/2$，记作 V_{z_us}，其数值大约为 $0.5U_s$。由双极扩散引发的离子垂直速度为 $V_d \times \sin(I)$，记作 V_{z_d}，其数值大约为 $0.7V_d$。图 5-5 分别给出了受到经向风、电场和双极扩散而引发的在区间 1 和 2 中的离子垂直速度（图 5-5 发表了 Gong et al. , 2012, JGR）。图 5-5 中所有的离子垂直速度分量都选自于 HmF2 高度上的数值。

从图 5-5（a）可以看出，在夜间，由经向风引发的离子垂直速度在两个区间中是反相关的。在区间 1 中，离子垂直运动方向基本上是向上，在凌晨 2:00 时达到了最大值，18 m/s。在区间 2 中，离子垂

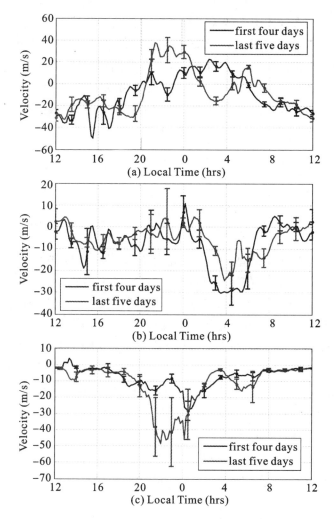

图 5-5　V_{z_us}(a) , V_{z_pn}(b) 和 V_{z_d}(c) 在 1 月 14 日到 18 日(黑线) 和 1 月
　　　　18 日到 23 日(灰线) 的周日平均值。所有的离子垂直速度分量
　　　　都是在 HmF2 上的数值

直运动速度在午夜后开始减小,在凌晨 1:30 时,离子垂直运动的方
向发生了由向上运动到向下运动的改变。图 5-5(b)给出了由电场
引发的离子垂直速度在两个区间中随时间的变化。在发生午夜塌陷

的时间段内,两个区间中离子垂直运动速度随时间变化的轨迹有很大的区别。在区间 1 中的离子垂直速度比其在区间 2 中快很多。由双极扩散引发的离子垂直运动随时间的变化展示在图 5-5(c)中。在 F 层电子密度的峰值高度上,电子密度的梯度为零,并且电子和离子温度的梯度非常小,因此由双极扩散引发的离子垂直速度是由等离子体的标高决定的。所以,图 5-5(c)中所展示的离子垂直速度的方向是向下的。

5.3　讨论

5.3.1　午夜塌陷主要是由哪一(几)个机制引发的?

引起午夜塌陷最直接的原因是离子的垂直传输。由图 5-5 可以发现,在整个夜间,双极扩散效应持续地推动电离层向下移动。如果没有中性风和电场的作用,电离层会受到双极扩散的作用而向下移动。然而,由于在较低高度上化学复合作用非常强,即便有双极扩散的作用,HmF$_2$ 也会在某一高度上停止下降。从图 5-4 和图 5-5 可以看到,在高度为 270 km 处,V_{z_us} 和 V_{z_pn} 的和速度为零,在这一高度上,扩散-化学效应达到了平衡态。双极扩散效应只有在扩散-化学平衡态被其他机制打破的情况下才能对电离层起到向下移动的作用。从图 5-4(a)和(c)可以看出,HmF2 的变化趋势与离子垂直速度对时间的偏导数(dV_z/dt)有非常好的相关性。这说明了,当扩散-化学平衡态被打破后,由于快速的化学复合作用,新的平衡态很快就建立起来了。

在连续 9 个晚上的观测周期内,午夜塌陷都发生了,只是塌陷的幅度有所不同。在前 4 个晚上,从午夜到 1:30,HmF2 受到双极扩散作用而下降。在这个时间段内,中性风推动离子向上运动,而电场以相对较小的速度拖曳着离子向下运动。在 1:30 ～ 4:00,V_{z_pn} 逐渐增大,速度峰值达到了 30 m/s。同时,中性风继续推动着离子向上运动。因此,在区间 1 中,电场是引起电离层塌陷的最主要原因。在后 5 个晚上,双极扩散仍然起到了初始塌陷的作用。电场也仍然推动着离子向下运动,只是推动力不如在前4晚中那么大。中性风在后5晚和前4晚扮演了完全不同的角色。与在前4晚推动离子向上运动不同,在后5晚中,中性风拖曳着离子向下运动。后5晚电场和中性风一起推动着离子向下运动,这使得在后5晚中的午夜塌陷更加剧烈。

在图5-4中,从午夜到4点,离子的垂直速度在两个区间中并没有显著的区别。HmF2和离子垂直速度在两个区间中的主要区别发生在午夜塌陷之前。在区间2中,受到中性风的作用,HmF2在午夜前被推到了比较高的高度上。这样就给电离层在午夜后的塌陷留有了更大的空间。试想,如果HmF2在塌陷前的高度已经比较低了,由于在较低高度上化学复合作用在夜间占有主导地位,哪怕再剧烈的拖曳力也不会使HmF2发生明显的下降。

从上述的讨论中,我们可以把电离层午夜塌陷分为三个阶段。第一个阶段是预备塌陷。HmF2在午夜塌陷前的高度越高,那么更剧烈的塌陷就有可能发生。在后5晚中的中性风在预备塌陷阶段中起到了重要作用。第二个阶段是初始塌陷。由于在初始塌陷时,电离层的高度比较高,双极扩散在这个阶段中起到了主要作用。第三个阶段是持续塌陷。在前4晚中,电场在阶段3中扮演了重要角色。在午夜塌陷更为剧烈的后5晚,电场和中性风合力使HmF2持续而且迅速地下降。

5.3.2　哪一(几)个潮汐波分量对午夜塌陷最为重要?

以往的研究[e. g. , Behnke and Harper, 1973; Macpherson et al. , 1998; Vlasov et al. , 2005]认为经向风的速度先减小,然后其传播方向发生反向并且速度值逐渐增大是造成午夜塌陷的主要原因。Harper[1979]和Crary and Forbes[1986]经过进一步的研究认为在经向风中的12小时潮汐波是引起经向风在午夜前后方向发生反转的原因。为了检测在我们的观测中,哪一(几)个潮汐波分量对于午夜塌陷起到了重要作用,我们在268 km的高度上,分别同时拟合了经向风在区间1和2中最强的三个潮汐波分量。潮汐波振幅和相位的拟合结果显示在了表5-1中(表5-1发表在了Gong et al. ,

2012，JGR）。在两个区间中，最强的潮汐波分量是 24 小时潮汐波，最弱的潮汐波分量是 12 小时潮汐波。在两个区间中，经向风的最大的区别来自于 8 小时和 6 小时潮汐波。

表 5-1　**24、12 和 6 小时潮汐波从 2010 年 1 月 14 日到 18 日；**
24、12 和 8 小时潮汐波从 2010 年 1 月 18 日到 23 日在 268 km
处振幅和相位的拟合结果

	January 14-18，2010		January 18-23，2010	
	Amplitude（m/s）	Phase（LT）	Amplitude（m/s）	Phase（LT）
24-hour	41.7	1.3	45.3	1.1
12-hour	7.7	3.1	21.7	10.4
8-hour	—	—	33.1	6.7
6-hour	8.7	2.2	—	—

在图 5-6 中，我们给出了由拟合结果产生的 V_{z_us}，并且，我们把它和 HmF2 分别在区间 1 和 2 中进行了比较（图 5-6 发表在了 Gong et al.，2012，JGR）。为了能够更加清晰地呈现出 V_{z_us} 和 HmF2 随时间的变化结果，在每个区间中，我们只显示了两个晚上的结果。

24 小时潮汐波的波幅在所有的潮汐波分量中是最大的，因此 24 小时潮汐波的相位也确定了经向风在午夜左右会达到最大值。从两个区间中的 24 小时潮汐波的波幅和相位可以推断出电离层在午夜塌陷前会被经向风往上推。因此，24 小时潮汐波的振幅和相位结构决定了经向风在预备塌陷阶段起到了重要作用。

经向风在两个区间中随时间变化的不同是由经向风中的高频潮汐波造成的。在前 4 天，12 小时和 6 小时潮汐波的振幅太小，经向风基本上是由 24 小时潮汐波控制。由于 24 小时潮汐波的周期比较长，经向风在午夜后需要很长时间才能改变传播方向，从而推动离子向下运动。在后 5 天中，12 小时和 8 小时潮汐波的振幅都比较大。潮汐波的三个分量的相位决定了这三个潮汐波分量的波幅在午夜前后都会达到最大值，并且在午夜后都开始减小并准备反向。由于 8

小时潮汐波的周期短,从波峰到波谷只需要 4 小时,因此 8 小时潮汐波对推动离子向下运动起到了主要作用。虽然,在区间 2 中的 24、12 和 8 小时潮汐波的相位结构很巧合地使这三个潮汐波分量一起

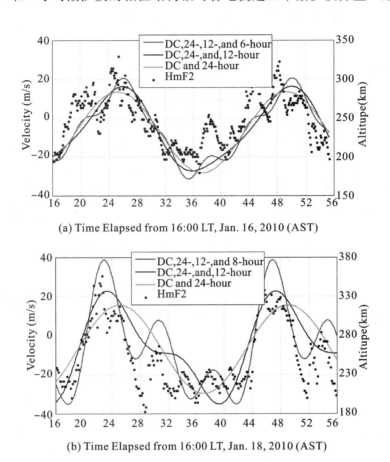

(a) Time Elapsed from 16:00 LT, Jan. 16, 2010 (AST)

(b) Time Elapsed from 16:00 LT, Jan. 18, 2010 (AST)

图 5-6　(a)在 268 km 的高度上以及从 1 月 16 日 16:00 LT 到 18 日 07:23 LT 的时间范围内,由背景风(DC)、24、12 和 6 小时组成的经向风(深灰线);由背景风(DC)、24 和 12 小时组成的经向风(黑线);由背景风(DC)和 24 小时组成的经向风(浅灰线)。HmF2 由黑色的点表示。(b)与(a)相同只是用 8 小时潮汐波代替了 6 小时潮汐波,并且 HmF2 和潮汐波是在时间段从 1 月 18 日 16:00 LT 到 20 日 8:00 LT 的结果

在午夜后合力推动离子向下运动,但是 8 小时潮汐波才是经向风在两个区间中表现不同的主要原因。在区间 2 中,由于电场的作用比较小,HmF2 和经向风在夜间随时间的变化是非常相关的。有关 8 小时潮汐波在 2010 年 1 月 18 日到 23 日内详细的观测研究请参考 Gong and Zhou［2011］。

5.3.3　其他观测周期内的 Arecibo 午夜塌陷

从 2010 年 1 月 18 日到 22 日,经向风在夜间先向南再向北的传播方式使得 HmF2 在午夜前被 V_{z_us} 推到了较高的高度,在午夜后又被 V_{z_us} 拖曳到较低的高度。虽然经向风在 Arecibo 夜间的这种传播方式在其他文献中［e. g., Harpar, 1979; Crary and Forbes, 1986］也被报道过,但是,需要注意的是,经向风的这种传播模式并不是发生电离层午夜塌陷的先决条件。由电场引发的离子垂直运动可以达到同样的效果。

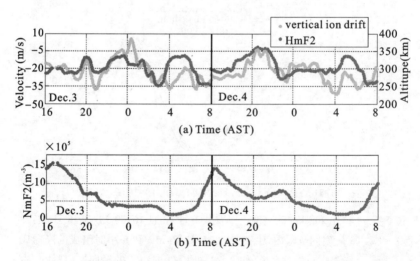

图 5-7　(a)与图 5-3 相同但展示的是从 2002 年 12 月 3 日 12:00 LT 到 12 月 5 日 12:00LT 的观测结果,离子的垂直速度是在高度为 293 km 处的结果。(b)从 2002 年 12 月 3 日 12:00 LT 到 12 月 5 日12:00 LT 间的 NmF2

图5-7 给出了从 2002 年 12 月 3 日到 5 日间,HmF2,离子的垂直速度以及 NmF2 的观测结果(图 5-7 发表在了 Gong et al. , 2012, JGR)。由中性风和电场引发的离子垂直速度的两个分量展示在了图5-8 中(图 5-8 发表在了 Gong et al. , 2012, JGR)。

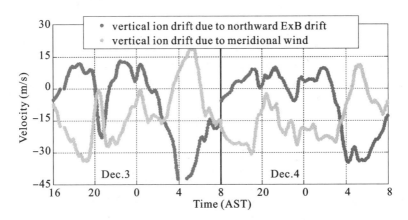

图5-8 分别由电场(深灰点)和经向风(浅灰点)引发的从 2002 年 12 月 3 日 12:00 LT 到 12 月 5 日 12:00LT 间在 293 km 处的离子垂直运动。为了更清楚地展示夜间的变化,我们只给出了垂直运动在当地时间下午 4 点到第二天早上 8 点的变化。图中的黑线用来区分不同的晚上

从图5-7 中可以看到,在 12 月 4 日的凌晨,HmF2 从 1:30 LT 到 3:00 LT 发生了急剧的下降。在急剧下降前,是电场而不是中性风把电离层推到了比较高的高度。在 1:30 LT,由电场引发的离子垂直速度的方向发生反向,随后以平均 20 m/s 的速度推动离子向下移动。中性风的方向在午夜前后几乎都是向下的。在 3:00 LT 以后,中性风开始将离子往上抬,试图阻止 HmF2 进一步的降低。电场和中性风的这种反相关现象是 V_{pn} 和 V_{ap} 反相关的直接反映,这个现象由 Behnke [1970] 第一次观测到。

我们发现 HmF2 从 12 月 5 日凌晨 4 点开始逐渐升高,尽管在这个时刻离子垂直运动的方向依然是向下的。离子运动方向向下而 HmF2 却在升高的这种物理矛盾是由于低高度上快速的化学复合反应造成的。

在凌晨 4 点左右,在 HmF2 处的离子受到垂直传输的作用而向下迅速移动,而在比 HmF2 更高的高度上的离子向下运动的速度相对缓慢。因此,新的 HmF2 就会在更高的高度上出现。当我们讨论电离层 HmF2 升高现象时 [e. g., Nelson and Cogger, 1971],我们需要注意到 HmF2 的升高并不一定是由于垂直传输的作用。它很可能是受到化学复合作用后而在形态上发生改变,如图 5-7(b)和 5-4(b)。

Zhou and Sulzer [1997]报道了利用 Arecibo 非相干散射雷达在 1993 年 1 月连续 10 天的观测结果。和我们在 2010 年 1 月份的观测结果相比,离子的垂直速度从午夜到凌晨 4 点的变化在两个观测周期内非常相似,但是 HmF2 在 1993 年 1 月仅仅降低了 30 km(Zhou and Sulzer,1997 中图 6a)。HmF2 在 1993 年 1 月小幅度的降低可能是由于在午夜前离子的垂直运动方向持续向下,并且速度值比较大(约为 18 m/s)。因为离子垂直运动的方向持续向下,HmF2 没有得到被提高的机会,因此,在午夜后,HmF2 没有足够多的下降空间。这样的情况同样发生在 12 月 4 日的晚上。尽管离子的垂直运动方向从午夜到 4:00 LT 是向下的,并且速度值非常大,但是 HmF2 却没有下降。相反的,在 12 月 4 日 21:00 LT 以及 5 日 4:00 LT,因为具备了预备塌陷条件,塌陷发生了。因此,我们可以发现要使午夜塌陷发生,仅仅依靠在午夜后快速向下的离子垂直运动是不够的。塌陷前的预备条件,即 HmF2 达到较高的高度,对于塌陷的发生是非常重要的。

5.4　小结

利用 Arecibo 双波束非相干散射雷达在 2010 年 1 月 14 日到 18 日,以及 2002 年 12 月 3 日到 5 日的观测数据,我们得到了电子浓度和离子视线速度,进而推出了 F 层离子矢量速度和经向风速。通过 2010 年连续 9 天的观测结果,我们发现在观测的前 4 晚(1 月 14 日到 17 日)Arecibo 上空的电离层出现了幅度不大的午夜塌陷,在后 5 晚(1 月 18 日到 22 日)出现了剧烈的午夜塌陷。在 2002 年连续 3 天的数据中,我们也观测到了午夜塌陷现象。这些观测结果表明午夜塌陷是由离子的垂直传输造成的。发生在所有晚上的午夜塌陷都伴随着离子向下的垂直运动,但这并不是引发午夜塌陷的决定性因素。在午夜塌陷发生前,HmF2 会被提升到一个较高的高度上。这种提升并不一定是垂直传输的结果,当离子垂直速度为 − 15 m/s 时,HmF2 依然可以升高。这是由快速化学复合反应造成的。HmF2 随时间的变化并不是和 V_z 相关的,而是与 V_z 对时间的导数相关。

总体来说,我们观测到的电离层午夜塌陷可以分为三个阶段。第一个阶段为预备塌陷。HmF2 在塌陷前受到中性风或者电场的作用被提升到了比较高的高度上。第二个阶段是初始塌陷。在这个阶段中,由于 HmF2 比较高,双极扩散引发的离子垂直运动占据着主导地位。同时,中性风和电场推动离子向上运动的作用开始减弱。第三个阶段是持续塌陷,中性风和(或)电场拖曳离子向下运动。发生在 2010 年 1 月 18 日到 22 日夜间的剧烈的午夜塌陷,是由于电场和中性风一起拖曳离子向下运动而造成的。发生在 2010 年 1 月 14 日到 17 日的午夜塌陷,由于经向风和电场对离子垂直传输的作用力是相反的,经向风抵消掉了部分电场对电离层的拖曳力,因此塌陷的幅度并不显著。从我们的分析结果可以看出,中性风、电场和双极扩散在引起 Arecibo 电离层午夜塌陷中都扮演了重要角色。然而,以往的研究认为午夜塌陷的发生是中性风这个单一机制起到了决定性作用。

通过对 2010 年 1 月 14 日到 23 日间经向风中的潮汐波进行分析,我们发现 24 小时潮汐波是最强而且最稳定的潮汐波分量。24 小时潮汐波的相位使其波幅在午夜后不久达到最大值,并随之减小。12 小时和 8 小时潮汐波展现出了比较大的时间不稳定性。在后 5 晚,12 小时和 8 小时潮汐波的波幅明显增强。对于午夜塌陷而言,更重要的是,24、12 和 8 小时潮汐波的相位使这三个潮汐波分量的波幅在午夜左右都达到了最大值。在这三个潮汐波分量的共同作用下,HmF2 在塌陷前被推到了较高的高度上,为午夜后的剧烈塌陷留有了很大的塌陷空间。由于 8 小时潮汐波的周期短,它对于午夜塌陷的作用比其他两个低频潮汐波分量要大很多。

第 6 章 总结与展望

6.1 总结

　　本文主要报道了在 Arecibo 电离层 E 层和 F 层高度范围内的大气潮汐波和行星波的观测结果, Arecibo 电离层午夜塌陷的形成原因, 以及午夜塌陷与受中性风、电场和双极扩散引发的离子垂直传输之间的关系。本文的观测数据来源于 Arecibo 双波束非相干散射雷达在 2010 年 1 月 14 日到 23 日, 以及 2002 年 12 月 3 日到 5 日这两个周期内的观测实验。

　　我们将 2010 年 1 月份连续 9 天的观测数据分为了两个短周期。观测的前 4 天(1 月 14 日到 18 日), 和后 5 天(1 月 18 日到 23 日)分别称为周期 1 和周期 2。在每个短周期中, 我们对中性风的数据进行了功率谱密度分析。两个短周期的功率谱密度分析结果显示出我们的观测数据含有比较强的波动周期为 24、12、8、6 小时以及准两天的谐波分量。根据功率谱密度的分析结果, 我们利用约束拟合方法从中性风中同时提取了分别在周期 1 和 2 中占据统治地位的谐波分量的振幅和相位。为了进一步研究这些谐波分量的短时不稳定性, 我们把周期 1 中的观测数据又分为了周期 1a 和 1b, 把周期 2 中的观测数据分为了周期 2a、2b 和 2c。我们对谐波分量在周期 1a 和 1b 的拟合结果进行了平均, 并且计算了标准差。通过比较谐波分量振幅和相位分别在周期 1 和在周期 1a 和 1b 的平均值, 我们可以很直观地看出谐波分量在周期 1 中的短时不稳定性。对于周期 2 中的观测数据, 我们也利用了相同的分析方法。通过对各个谐波分量在不同高度(E 层和 F 层), 不同短周期以及不同中性风分量中的研究分

80

析,我们对所观测到的潮汐波和准 2 天行星波有了以下的发现。

与以往的观测结果不同[Harper 1979,1981],从我们的观测结果可以看出,是 24 小时潮汐波而不是 12 小时潮汐波在 F 层的高度范围内占据主导地位。在 F 层和 E 层,24 小时潮汐波波幅随高度变化的峰值高度分别为 245 km 和 120 km,峰值分别为 45 m/s 和 70 m/s。与 F 层的 24 小时潮汐波相比,12 小时潮汐波的波幅小了 1 倍。12 小时潮汐波在 F 层和 E 层的峰值速度分别为 22 m/s 和 62 m/s。在 F 层,24 小时潮汐波在连续 9 天的观测中占据统治地位。它不但是最强的潮汐波分量而且最为稳定。它的短时扰动非常小,而且波相位的垂直结构在周期 1 和 2 中基本一致。然而,12 小时潮汐波展现出了比较大的随时间的变化。12 小时潮汐波的振幅在周期 1 中非常小,并且有比较大的短时扰动。在周期 2 中,波振幅明显得到增强,但仍然不能和 24 小时潮汐波相比较。通过 F 层 24 小时潮汐波的相位结果,我们推测它可能是通过太阳辐射在局地激发的。在 E 层,经向风中的 24 小时潮汐波非常强而且在周期 1 和 2 中波幅随高度的变化方式非常一致。在高度 114 ~ 135 km 的范围内,24 小时潮汐波的垂直波长在周期 2 中为 63 km,在周期 1 中,波相位没有随高度发生变化。在 114 km 以下,在周期 1 和 2 中的垂直波长分别为 24 km 和 20 km。纬向风中的 24 小时潮汐波在 120 km 以上有很强的短时扰动。波幅在周期 1 与在周期 1a 和 1b 的平均值有很大的分歧。同样的情况也发生在了周期 2 中。由于波振幅在大部分高度范围内的短时扰动大,导致波相位的结果不明确。我们只能估算出 24 小时潮汐波在周期 2 中 120 km 以下的垂直波长,其数值为 18 km。在经向风和纬向风中的 12 小时潮汐波都展现出了非常明显的短期不稳定性。它们的波幅在周期 1 中都非常强,但在周期 2 中却都受到了很强的衰减。在周期 1 中,中性风两个分量中的 12 小时潮汐波振幅在高度 106 ~ 115 km 的范围内持续增大。这种波幅随高度变化的方式可能暗示着 Arecibo 冬季湍流层顶的高度为 110 km。[Zhou et al.,1997a]利用 Arecibo 非相干散射雷达在 1993 年 1 月份的数据也观测到了 12 小时潮汐波振幅这种变化方式。经向风中的 12 小时潮汐波在 112 km 以上的垂直波长为 68 km,在 112 km

以下为 12 km。在 100 km 以上,12 小时潮汐波在纬向风中的垂直波长为 45 km。由于在中性风两个分量中的 12 小时潮汐波的波幅在周期 2 中受到了抑制,垂直波长变得难以估算。

在 E 层和 F 层的 8 小时潮汐波展现出了非常大的周期变化。在周期 1 中,8 小时潮汐波仅在 E 层比较强,而在周期 2 中,8 小时潮汐波只出现在了 F 层中。虽然 8 小时潮汐波不如 24 小时潮汐波稳定,但是它的波幅可以和 24 小时潮汐波相比较。经向风中的 8 小时潮汐波在高度 121 ~ 135 km,以及在 180 ~ 320 km 的范围内的垂直波长分别为 74 km 和 950 km。纬向风中的 8 小时潮汐波在高度 92 ~ 105 km,以及在 112 ~ 127 km 的范围内的垂直波长分别为 81 km 和 95 km。因为低纬 F 层的 8 小时潮汐波是第一次被观测到,我们对 8 小时潮汐波的激发机制做了更细致的讨论。根据讨论的结果,我们排除了 24 和 12 小时潮汐波或者 24 小时潮汐波和重力波的相互作用激发观测到的 8 小时潮汐波的可能性。并且,我们发现 8 小时潮汐波与 F 层较低高度上的背景经向风有非常好的相关性,这说明了 8 小时潮汐波有很强的传播分量。

除了 8 小时潮汐波以外,我们也第一次观测到了低纬 F 层的 6 小时和准 2 天(周期为 40 小时)行星波。与 8 小时潮汐波显著的波振幅不同,6 小时潮汐波和准 2 天行星波的波幅相对较弱。6 小时潮汐波振幅随高度的变化分布呈现出了双峰结构,峰值为 11 m/s。6 小时潮汐波的相位展现出了两种完全不同的传播方式。在 245 km 以上,波相位基本上不随高度变化。在 245 km 以下,波相位线性向下移动,垂直波长为 126 km。准 2 天行星波振幅的最大值为 8 m/s。在高度 230 ~ 350 km 的范围内,行星波相位向上移动,垂直波长为 640 km。这意味着观测到的行星波是向下传输的。

Arecibo 电离层的午夜塌陷现象是指 F 层电子浓度峰值高度(HmF2)在午夜前后迅速而且大幅度地下降。我们在 2010 年 1 月连续 9 天的观测数据中,在每一天的午夜都发现了午夜塌陷现象。HmF2 在观测的前 4 晚(1 月 14 日到 17 日)下降的幅度并不十分大,而在观测的后 5 晚(1 月 18 日到 22 日)发生了剧烈的午夜塌陷。我们调查了分别由中性风、电场和双极扩散而引发的离子垂直运动对于电离层午夜塌陷的作用。根据调查的结果,我们将观测到的从午夜塌陷前到塌陷的整个过程分为三个阶段:预备塌陷、初始塌陷和持续塌陷。中性风或者电场在预备塌陷中起到主要作用。它们将HmF2在塌陷前推到一个较高的高度,给予电离层足够的下沉空间。双极扩散在初始塌陷中扮演了重要角色。在持续塌陷中,中性风和电场起到了决定性的作用。在观测的后5晚,剧烈的午夜塌陷得以发生是因为:一方面,中性风将HmF2在塌陷前推到了很高的高度;另一方面,中性风和电场在塌陷时合力拖曳着离子向下运动。经向风中的24小时潮汐波是经向风在午夜前后传播方向发生反转的主要原因,它为午夜塌陷的发生提供了基本条件。8小时潮汐波随时间的变化是经向风在观测的前4晚和后5晚传播轨迹不同的主要原因。以往的研究[e.g., Behnke and Harper, 1973;Harper, 1979;Macpherson et al., 1998;Seker et al., 2009]认为经向风是造成Arecibo午夜塌陷的决定性原因。我们的研究结果表明除了经向风外,电场和双极扩散对于午夜塌陷的发生也起到了重要作用。

6.2 展望

由于我们的观测数据来源于低纬度单站非相干散射雷达在冬季的观测结果,因此,我们的研究结果受到了纬度、经度、季节以及探测手段的限制。为了能够克服现有数据对当前研究的局限性,我们可以从以下几个方向展开以后的研究工作:

1. 利用Arecibo非相干散射雷达在其他季节中的数据,研究潮汐波和行星波的季节特性。

2. 利用在不同纬度(比如Millston Hill观测站,42.6°N)或者在不同半球(Jicamarca观测站,11.95°S)上的非相干散射雷达的观测数据,研究潮汐波和行星波在不同纬度上的特性。

3. 利用装载在TIMED卫星上的TIDI和SABER的观测数据,从全球的角度上去研究潮汐波。利用卫星的数据我们可以从潮汐波中分解出迁移和非迁移潮汐波分量。

　　4. 利用 Arecibo 非相干散射雷达在其他季节中的数据,研究 Arecibo 午夜塌陷的季节特性。调查中性风、电场和双极扩散在其他季节中对午夜塌陷的作用。

参 考 文 献

[1] Axford, W. I., The formation and vertical movement of dense ionized layers in the ionosphere due to neutral wind shears, J. Geophys. Res., 1963, 68: 769-779.

[2] Amayenc, P., Tidal oscillations of the meridional neutral wind at midlatitudes, Radio Sci., 1974, 9: 281-293.

[3] Aponte, N., M. J. Nicolls, S. A. González, et, al., Instantaneous electric field measurements and derived neutral winds at Arecibo, Geophys. Res. Lett., 2005, 32: L12107.

[4] Bauer, P., K. D. Cole, and G. Lejeune, Field aligned electric currents and their measurement by the incoherent backscatter technique, Planet. Space Sci., 1976, 24(5): 479-485.

[5] Bekefi, G., Radiation Processes In Plasmas, New York: Wiley, 1966, Chap 8.

[6] Behnke, R., A., Vector measurements of the ion transport velocity with application to the F-regio dynamics, Ph. D thesis, Rice University, Houston, TX, 1970.

[7] Behnke, R. A., and S. Ganguly, First direct ground-based measurements of electron drift in the ionospheric F region, J. Geophys. Res., 1986, 91(A9): 10178-10182.

[8] Behnke, R. A., and R. M. Harper, Vector measurements of F region ion transport at Arecibo, J. Geophys. Res., 1973, 78:8222.

[9] Breit, G., and M. Tuve, A radio method for estimating the height of the ionosphere conducting layer, Nature, 1925, Vol. 116, p. 357.

[10] Breit, G. , and M. Tuve, A test of the existence of the conducting layer, Phys. Rev. , 1926, vol. 28, pp. 554-573.

[11] Bowles, K. L. , Observations of vertical incidence scatter from the ionosphere at 41 Mc/s, Phys. Rev. Letters, 1958, 1: 454.

[12] Buneman O. , Scattering of radiation by the fluctuations in a non-eequilibrium plasma, J. Gepphys. Res. , 1962, 67:2050-2053.

[13] Buonsanto, M. J. , and O. G. Witasse, An updated climatology of thermospheric neutral winds and F region ion drifts above Millstone Hill, J. Geophys. Res. , 1999, 104:24675-24687.

[14] Canziani, P. O. , J. R. Holton, E. F. Fishbein, et al. , Equatorial Kelvin waves: A UARS MLS view, J. Atmos. Sci. , 1994, 51: 3053-3076.

[15] Carter, L. N. and J. M. Forbes, Global transport and localized layering of metallic ions in the upper atmospherer, Ann. Geophys. , 1999, 17: 190-209.

[16] Chapman, S. , and R. S. Lindzen, Atmospheric Tides, D. Reidel, Norwell, Mass, 1970:201.

[17] Chshyolkova, T. , A. H. Manson, and C. E. Meek, Climatology of the quasi two-day wave over Saskatoon (52°N, 107°W): 14 years of MF radar observations, Adv. Space Res. , 2005, 35: 2011-2016,doi:10. 1016/j. asr. 2005. 03. 040.

[18] Colerico, M. J. , M. Mendillo, D. Nottingham, et al. ,Coordinated measurements of F region dynamic related to the thermospheric midnight temperature maximum, J. Geophys. Res. , 1996, 101: 26783-26793, doi:10. 1029/96JA02337.

[19] Crary, D. J. , and J. M. Forbes, The dynamic ionosphere over Arecibo: A theoretical investigation, J. Geophys. Res. , 1986, 91: 249-258.

[20] Deepa V, G. Ramkumar, T. M. Antonia, and K. K. Kumar, Meteor wind radar observations of tidal amplitudes over a low-latitude station Trivandrum (8. 51°N, 77°E): Interannual varia-

bility and the effect of background wind on diurnal tidal ampli-
tudes. J. Atmos. Solar-Terr. Phys. , 2008, 70: 2005-2013.

[21] Du, J. and W. E. Ward, Terdiurnal tide in the extended Cana-
dian Middle Atmospheric Model (CMAM), J. Geophys. Res. ,
2010, 115: D24106, doi:10. 1029/ 2010JD014479.

[22] Dungey, J. W. , The influence of the geomagnetic field on tur-
bulence in the ionosphere, J. Atmos. and Terr. Phys. , 1956,
8: 39-42.

[23] Farley, D. T. , A theory of incoherent scattering of radio waves
by a plasma, 4, the effect of unequal ion and electron tempera-
tures, J. Geophys. Res. , 1966, 71: 4091.

[24] Forbes, J . M. , Atmospheric tides, I, Model description and
results for the solar diurnal component, J. Geophys. Res. ,
1982a, 87:5222-5240.

[25] Forbes, J . M. , Atmospheric tides, II, Solar and lunar semidi-
urnal components, J. Geophys. Res. , 1982b, 87:5241-5252.

[26] Forbes, J. M. , Tidal and planetary waves, in The Upper Meso-
sphere and Lower Thermosphere: A Review of Experiment and
Theory, Geophys. Monogr. Ser. , vol. 87, edited by R. M.
Johnson and T. L. Killeen, 1995:67-87, AGU, Washington,
D. C.

[27] Forbes, J. M. , X. Zhang, S. Palo, et al. , Tidal variability in
the ionospheric dynamo region, J. Geophys. Res. , 2008, 113,
A02310, doi:10. 1029/2007JA012737.

[28] Garcia, R. R. , R. Lieberman, J. M. Russell, et al. , Large-
Scale Waves in the Mesosphere and Lower Thermosphere Ob-
served by SABER, J. Atmos. Sci. , 2005, 62:4384-4399.

[29] Gong, Y. , and Q. Zhou, Incoherent scatter radar study of the
terdiurnal tide in the E- and F-region heights at Arecibo, Geo-
phys. Res. Lett. , 2011, 38: L15101, doi: 10. 1029/
2011GL048318.

[30] Gong, Y. ,Q. Zhou, S. Zhang, et al. ,Midnight ionosphere collapse at Arecibo and its relationship tothe neutral wind, electric field, and ambipolar diffusion, J. Geophys. Res. , 2012, 117: A08332, doi:10. 1029/2012JA017530.

[31] Gong, Y. , Q. Zhou, and S. Zhang, Atmospheric Tides in the low-latitude E and Fregions and their responses to a sudden stratospheric warming in January 2010, J. Geophys. Res. Space Physics,2013, 118:7913-7927, doi:10. 1002/2013JA019248.

[32] Gordon, W. E. , Incoherent scattering of radio waves by free electrons with applications to space exploration by radar, Proc. IRE, 1958, 46:1824.

[33] Hagan, M. E. , and J. M. Forbes, Migrating and nonmigrating tides in the middle and upper atmosphere excited by tropospheric latent heat release, J. Geophys. Res. , 2002, 107 (D24): 4754, doi:10. 1029/2001JD001236.

[34] Hagan, M. E. , J. M. Forbes, and F. Vial, On modeling migrating solar tides, Geophys. Res. Lett. , 1995, 22:893-896.

[35] Hagan, M. E. , and R. G. Roble, Modeling diurnal tidal variability with the National Center for Atmospheric Research thermosphere-ionosphere-mesosphere electrodynamics general circulation model, J. Geophys. Res. , 2001, 106 (A11): 24869-24882.

[36] Hagan, M. E. , R. G. Roble, and J. Hackney, Migrating thermospheric tides, J. Geophys. Res. , 2001, 106, A7: 12739-12752.

[37] Hagfors, T. , and R. A. Behnke, Measurements of three-dimensional plasma velocities at the Arecibo Observatory, Radio Sci. , 1974, 9:89-93.

[38] Hagfors, T. , and M. Lehtinen, Electron temperature derived from incoherent scatter radar observation of the plasma line frequency, J. Geophys. Res. , 1981, 86(A1):119-124.

[39] Haldoupis, C. , D. Pancheva, and N. J. Mitchell, A study of tidal and planetary wave periodicities present in midlatitude sporadic E layers, J. Geophys. Res. , 2004, 109 : A02302, doi : 10. 1029/2003JA010253.

[40] Harper, R. M. , Tidal winds in the 100-to 200-km region at Arecibo, J. Geophys. Res. , 1977, 84,22 : 3243-3248.

[41] Harper, R. M. , A semidiurnal tide in the meridional wind at F region heights at low latitudes, J. Geophys. Res. , 1979, 84, (A2)411-415.

[42] Harper, R. M. , Some results on mean tidal structure and day-to-day variability over Arecibo, J. Atmos. Terr. Phys. , 1981, 43 : 255-262.

[43] Harper, R. M. , R. H. Wand, C. J. Zamlutti, et al. , E region ion drifts and winds from incoherent scatter measurements at Arecibo, J. Geophys. Res. , 1976, 81 : 25-35.

[44] Hirota, I. , Equatorial waves in the upper stratosphere and mesosphere in relation to the semiannual oscillation of the zonal wind, J. Atmos. Sci. , 1978, 35 : 714-722.

[45] Hocke, K. , Tidal variations in the high-latitude E- and F-region observed by EISCAT, Ann. Geophys, 1996, 14 : 201-210.

[46] Huang, C. M. , S. D. Zhang, and F. Yi, A numerical study on amplitude characteristics of the terdiurnal tide excited by nonlinear interaction between the diurnal and semidiurnal tides, Earth Planets Space, 2007, 59 : 183-191.

[47] Huang, F. T. , and C. A. Reber, Seasonal behavior of the semidiurnal and diurnal tides, and mean flows at 95 km, based on measurements from the High Resolution Doppler Imager (HRDI) on the Upper Atmosphere Research Satellite (UARS), J. Geophys. Res. , 2003, 108(D12) : 4360.

[48] Iimura, H. , D. C. Fritts, Q. Wu, et al. , Nonmigrating semidiurnal tide over the Arctic determined from TIMED Doppler Inter-

ferometer wind observations, J. Geophys. Res. , 2010, 115:
D06109.

[49] Ioannidis, G. , and D. T. Farley, Incoherent scatter observa-
tions at Arecibo using compressed pulses, Radio Sci. , 1972, 7:
766.

[50] Isham, B. , C. A. Tepley, M. P. Sulzer, et al. , Upper atmos-
pheric observations at the Arecibo Observatory: Examples ob-
tained using new capabilities, J. Geophys. Res. , 2000, 105:
18609-18637, doi:10. 1029/1999JA900315.

[51] Kelley, M. C. , The Earth's Ionosphere: Plasma Physics and
Electrodynamics, 2nd edition, Elsevier, London, 2009.

[52] Kovalam, S. , and R. A. Vincent, Intradiurnal wind variations
in the midlatitude and high-latitude mesosphere and lower ther-
mosphere, J. Geophys. Res. , 2003, 108(D4):4135, doi:10.
1029/2002JD002500.

[53] Lau, E. M. , S. K. Avery, J. P. Avery, et al. , Tidal analysis
of meridional winds at the South Pole using a VHF interferome
tric meteor radar, J. Geophys. Res. , 2006, 111:D16108, doi:
10. 1029/2005JD006734.

[54] Li, T. , C. Y. She, H. -L. Liu, et al. , Observation of local tidal
variability and instability, along with dissipation of diurnal tidal
harmonics in the mesopause region over Fort Collins, Colorado
(41° N, 105° W), J. Geophys. Res. , 2009, 114: D06106,
doi:10. 1029/2008JD011089.

[55] Lomb, N. R. , Least-square frequency analysis of unequally
spaced data, Astrophys. Space. Sci. , 1976, 39:447-662.

[56] Lu, X. , A. Z. Liu, J. Oberheide, et al. , Seasonal variability of
the diurnal tide in the mesosphere and lower thermosphere over
Maui, Hawaii (20. 7° N, 156. 3° W), J. Geophys. Res. ,
2011, 116:D17103, doi:10. 1029/2011JD015599.

[57] Macleod, M. A. , Sporadic E theory. I. Collision-Geomagnetic

Equilibrium, J. Atmo. Sci. , 1965, 23:96.

[58] Macpherson, B. , S. A. González, G. J. Bailey,et al. ,The effects of meridional neutral winds on the O + -H + transition altitude over Arecibo, J. Geophys. Res. , 1998, 103:29183-29198.

[59] Mathews, J. D. , Measurements of diurnal tides in the 80-to 100-km altitude rang at Arecibo, J. Geophys. Res. , 1976, 81:4671.

[60] Mathews, J. D. , Incoherent scatter radar probing of the 60-100 km atmosphere and ionosphere, IEEE Trans. Geoscience Remote Sensing, 1986, GE-24:765.

[61] Mathews, J. D. , Sporadic E: current views and recent progress, Journal of Atmospheric and Solar-Terrestrial Physics, 1998, 60:413-435.

[62] Mathews, J. D. and F. S. Bekeny, Upper atmosphere tides and the vertical motion ionospheric sporadic layers at Arecibo, J. Geophys. Res. , 1979, 84:2743.

[63] Miyahara, S. , and J. M. Forbes, Interactions between gravity waves and the diurnal tide in the mesosphere and lower thermosphere, J. Meteorol. Soc. Jpn. , 1991, 69:523-531.

[64] Morton, Y. T. , J. D. Mathews, and Q. Zhou, Further evidence for a 6-h tide above Arecibo, J. Atmos. Terr. Phys. , 1993, 55:459-465.

[65] Nelson, G. J. , and L. L. Cogger, Dynamical behavior of the nighttime ionosphere at Arecibo, J. Atmos. Terr. Phys. , 1971, 33:1711.

[66] Nicolls, M. J. , M. P. Sulzer, N. Aponte,et al. ,High resolution electron temperature measurements using the plasma line asymmetry, Geophys. Res. Lett. , 2006, 33: L18107, doi:10. 1029/2006GL027222.

[67] Philbrick, C. R. , R. S. Narcisi, R. E. Good, et al. ,The ALADDIN experiment —Part II, composition, Space Research

XIII, 1973, 89.

[68] Press, W. H., S. A. Teukolsky, W. T. Vetterling, et al., Numerical Recipes, Cambridge Univ. Press, New York, 1992.

[69] Richards, M. A., Fundamentals of Radar Signal Processing, McGraw-Hill, 2005.

[70] Scargle, J. D., Studies in astronomical time series analysis, II, Statistical aspects of spectral analysis of unevenly spaced data, Astrophys. J., 1982, 263:835-853.

[71] Salby, M. L., Rossby normal modes in nonuniform background configuration, I, Simple field, J. Atmos. Sci., 1981a, 38: 1803-1826.

[72] Salby, M. L., Rossby normal modes in nonuniform background configurations, II, Equinox and solstice conditions, J. Atmos. Sci., 1981b, 38:1827-1840.

[73] Salby, M. L., Survey of planetary-scale travelling waves: The sate of theory and observations, Rev. Geophys., 1984, 22:209-236, doi:10.1029/RG022i002p00209.

[74] Seker, I., D. J. Livneh, and J. D. Mathews, A 3-D empirical model of F region Medium-Scale Travelling Ionospheric Disturbance bands using incoherent scatter radar and all-sky imaging at Arecibo, J. Geophys. Res., 2009, 114: A06302, doi:10.1029/2008JA014019.

[75] She, C. Y., S. Chen, B. P. Williams, et al., Tides in the mesopause region over Fort Collins, Colorado (41°N, 105°W) based on lidar temperature observations covering full diurnal cycles, J. Geophys. Res., 2002, 107 (D18):4350 doi:10.1029/2001JD001189.

[76] She, C. Y., et al., Tidal perturbations and variability in mesopause region over Fort Collins, CO (41°N, 105°W): Continuous multi-day temperature and wind lidar observations, Geophys. Res. Lett., 2004, 31: L24111, doi:10.1029/

2004GL021165.

[77]   Sherman, J. P. , and C. Y. She, Seasonal variation of meso-
        pause region wind shears, convective and dynamic instabilities
        above Fort Collins, CO: A statistical study, J. Atmos. Sol.
        Terr. Phys. , 2006, 68: 1061-1074, doi: 10. 1016/j. jastp.
        2006. 01. 011.

[78]   Showen, R. L. , The spectral measurement of plasma lines, Ra-
        dio Sci. , 1979, 14(3):503- 508.

[79]   Sivjee, G. G. , and R. L. Walterscheid, Six-hour zonally sym-
        metric tidal oscillations of the winter mesopause over the South
        Pole station, Planet. Space Sci. , 1994, 42:447- 453.

[80]   Smith, A. K. , Structure of the terdiurnal tide at 95 km, Geo-
        phys. Res. Lett. , 2000, 27(2):177- 180.

[81]   Smith, A. K. , and D. A. Ortland, Modeling and Analysis of
        the Structure and Generation of the Terdiurnal Tide, J. Atmos.
        Sci. , 2001, 58:3116-3134.

[82]   Smith, A. K. , D. V. Pancheva, and N. J. Mitchell, Observa-
        tions and modeling of the 6-hour tide in the upper mesosphere,
        J. Geophys. Res. , 2004, 109: D10105, doi: 10. 1029/
        2003JD004421.

[83]   Suresh Babu, V. , K. Kishore Kumar, S. R. John, et al. , Me-
        teor radar observations of short-term variability of quasi 2 day
        waves and their interaction with tides and planetary waves in the
        mesosphere-lower thermosphere region over Thumba (8. 5° N,
        77°E), J. Geophys. Res. , 2011, 116:D16121, doi:10. 1029/
        2010JD015390.

[84]   Sulzer, M. P. , A radar technique for high range resolution inco-
        herent scatter autocorrelation function measurements utilizing the
        full average power of klystron radars, Radio Sci. , 1986, 21:
        1033- 1040.

[85]   Sulzer, M. P. , Aeronomy data-taking programs at Arecibo Ob-

servatory, 1988.

[86] Sulzer, M. P. , N. Aponte, and S. A. González, Application of linear regularization methods to Arecibo vector velocities, J. Geophys. Res. , 2005, 110: A10305, doi: 10. 1029/2005JA011042.

[87] Teitelbaum, H. , F. Vial, A. H. Manson, R. Giraldez, and M. Massebeuf, Nonlinear interaction between the diurnal and semidiurnal tides: Terdiurnal and diurnal secondary waves, J. Atmos. Terr. Phys. , 1989, 51:627-634.

[88] Thayaparan, T. , and W. K. Hocking, A long-term comparison of winds and tides measured at London, Canada (43°N, 81°W) by co-located MF and meteor radars during 1994-1999, J. Atmos. Terr. Phys. , 2002, 64:931-946.

[89] Tong Y. , J. D. Mathews, and W. P. Ying, An upper E region quarter diurnal tide at Arecibo?, J. Geophys. Res. , 1988, 93: 10047-10051.

[90] Vasseur, G. , Dynamics of the F-region observed with Thompson Scatter, 1, Atmospheric circulation and neutral winds, J. Atmos. Terr. Phys. , 1972, 20:353.

[91] Venkateswara Rao, N. , T. Tsuda, S. Gurubaran, Y. Miyoshi, and H. Fujiwara, On the occurrence and variability of the terdiurnal tide in the equatorial mesosphere and lower thermosphere and a comparison with the Kyushu-GCM, J. Geophys. Res. , 2011, 116:D02117, doi:10. 1029/2010JD014529.

[92] Vlasov, M. N. , M. J. Nicolls, M. C. Kelley,et al. ,Modelling of airglow and ionospheric parameters at Arecibo during quiet and disturbed periods in October 2002, J. Geophys. Res. , 2005, 110:A07303, doi:10. 1029/2005JA011074.

[93] Walterscheid, R. L. , and G. G. Sivjee, Very high frequency tides observed in the airglow over Eureka (800), Geophys. Res. Lett. , 1996, 23:3651-3654.

[94] Walterscheid, R. L. , and G. G. Sivjee, Zonally symmetric os-
cillations observed in the airglow from South Pole station, J.
Geophys. Res. , 2001, 106:3645-3654.

[95] Whitehead, J. D. , The formation of the Sporadic E layer in the
temperate zones, J. Atmos and Terr. Phys. , 1961, 20:49.

[96] Woodman, R. F. , Vertical drifts and east-west electric fields at
the magnetic equator, J. Geophys. Res. , 1970, 75:6249.

[97] Wu, Q. , D. A. Ortland, T. L. Killeen, et al. , Global distri-
bution and interannual variations of mesospheric and lower ther-
mospheric neutral wind diurnal tide: 1. Migrating tide, J. Geo-
phys. Res. , 2008a, 113: A05308, doi: 10. 1029/
2007JA012542.

[98] Wu, Q. , et al. , Global distribution and interannual variations
of mesospheric and lower thermospheric neutral wind diurnal
tide: 1. Migrating tide, J. Geophys. Res. , 2008b, 113:
A05308, doi:10. 1029/2007JA012542.

[99] Wu, Q. , D. A. Ortland, T. L. Killeen, et al. , Global distri-
bution and interannual variations of mesospheric and lower ther-
mospheric neutral wind diurnal tide: 2. Nonmigrating tide, J.
Geophys. Res. , 2008c, 113: A05309, doi: 10. 1029/
2007JA012543.

[100] Xu, J. , A. K. Smith, H. -L. Liu, et al. , Seasonal and quasi-
biennial variations in the migrating diurnal tide observed by
Thermosphere, Ionosphere, Mesosphere, Energetics and Dy-
namics (TIMED), J. Geophys. Res. , 2009, 114: D13107,
doi:10. 1029/2008JD011298.

[101] Yngvesson, K. O. , and F. W. Perkins, Radar Thomson scat-
ter studies of photoelectrons in the ionosphere and Landau
damping, J. Geophys. Res. , 1968, 73(1):97-110.

[102] Zhao, G. , L. Liu, B. Ning, et al. , The terdiurnal tide in the
mesosphere and lower thermosphere over Wuhan (30°N, 114°

E), Earth Planets Space, 2005, 57:393-398.

[103] Zhou, Q. H., A joint study of the lower ionosphere by radar, lidar, and spectrometer, Ph. D. thesis, The Pennsylvania State University, Department of Electrical and Computer Engineering, 1991.

[104] Zhou Q. H., and M. P. Sulzer, Incoherent scatter radar observations of the F-region ionosphere at Arecibo during January 1993, J. Atmo. Solar-Terr. Phys., 1997, 59:2213-2229.

[105] Zhou, Q. H., M. P. Sulzer, and C. A. Tepley, An analysis of tidal and planetary waves in the neutral winds and temperature observed at low-latitude E region heights, J. Geophys. Res., 1997a, 102:11491-11505.

[106] Zhou, Q. H., M. P. Sulzer, C. A. Tepley, et al., Neutral winds and temperature in the tropical mesosphere and lower thermosphere during January 1993: Observation and comparison with TIME-GCM results, J. Geophys. Res., 1997b, 102:11507-11519.

[107] Zhou, Q. H., J. Friedman, S. Raizada, et al., Morphology of nighttime ion, potassium and sodium layers in the meteor zone above Arecibo, J. Atmos. Solar-Terr. Phys., 2005, 67:1245, doi:10.1016/j.jastp.2005.06.013.

[108] Zhou, Q. H., S. Raizada, C. Tepley, Seasonal and diurnal variation of electron and iron densities at the meteor heights above Arecibo, J. Atmos. Solar-Terr. Phys., 2008, 704:9, doi:10.1016/j.jastp.2007.09.012.

[109] Zhou, Q. H., Y. T. Morton, C. M. Huang, et al., Incoherent scatter radar observation of E-region vertical electric field at Arecibo, Geophys. Res. Lett., 2011, 38:L01101, doi:10.1029/2010GL045549.

致　谢

　　六年的研究生生涯转瞬即逝,回首走过的岁月,心中倍感充实,在论文即将完成之际,感慨良多。本文能够顺利地完成,离不开许多人的帮助。首先,我要诚挚地感谢我的两位导师张绍东教授和周起厚教授,是两位教授引领我进入到了空间物理学的研究领域。在六年的学习研究中,两位导师给予了我精心的指导、无限的帮助以及不尽的鼓励。我现在取得的所有成果都浓缩和凝聚着两位导师的心血和汗水!导师们渊博的科学知识、敏锐的科学洞察力、优异的科研素养,潜移默化地影响着我,必将使我终生受益!在此,谨向两位导师再次致以最崇高的敬意和衷心的感谢!

　　我要以最诚挚的心意感谢武汉大学中高层大气实验室的易帆教授。易帆教授扎实的科研精神、忘我的科研热情、兢兢业业的科研态度,感染了我,并将会影响和指导我的一生。

　　我要真挚地感谢武汉大学中高层大气实验室的黄春明教授、黄开明副教授、岳显昌副教授、熊东辉老师等对我科研工作的帮助和支持。感谢黄春明教授和熊东辉老师对我生活上的帮助!

　　我要感谢已经毕业的张叶晖博士、王睿博士、丁霞博士以及即将毕业的柳付超博士对我的帮助。与他们的讨论总是能让我获益良多。感谢实验室甘泉师弟、操文祥师弟、帅晶师妹、黄莹莹师妹、曹兵师弟、贾越师弟等对我的帮助。祝愿实验室所有的学弟学妹们前程似锦!

　　我要衷心地感谢我的家人对我的支持!感谢亲戚朋友对我的关心;感谢我的女朋友熊文涓女士对我的鼓励;感谢我的父母对我一如既往的支持、鼓励、包容、鞭策!尤其要感谢我的父亲龚超先生,感谢您对我无条件的爱与无止境的支持!

最后,我要感谢所有帮助过我的人。对于那些帮助过我却没有在此提及的人表示深深的歉意。

龚 韵
2012 年 4 月

武汉大学优秀博士学位论文文库

已出版：